应用型高等学校"十三五"规划教材

电路分析基础

主　编　张荆沙　葛　蓁
副主编　宋朝霞　赵　庆　马华玲

U0278853

华中科技大学出版社
中国·武汉

内 容 简 介

本书系统介绍了电路的基本理论与分析方法。全书共分为 11 章,第 1 章介绍电路模型和电路定律,第 2 章介绍电路的等效变换,第 3 章介绍电阻电路的一般分析,第 4 章介绍电路定理,第 5 章介绍含有运算放大器的电阻电路,第 6 章介绍一阶动态电路分析,第 7 章介绍相量法基础,第 8 章介绍正弦稳态电路的分析,第 9 章介绍耦合电感,第 10 章介绍电路的频率响应,第 11 章介绍三相电路。

本书适合各类高等院校电类相关专业的本专科学生学习使用,也可供工程技术人员自学和参考。

图书在版编目(CIP)数据

电路分析基础/张荆沙,葛蓁主编. —武汉:华中科技大学出版社,2019.1
ISBN 978-7-5680-4937-5

Ⅰ.①电…　Ⅱ.①张…　②葛…　Ⅲ.①电路分析　Ⅳ.①TM133

中国版本图书馆 CIP 数据核字(2019)第 007991 号

电路分析基础
Dianlu Fenxi Jichu

张荆沙　葛　蓁　主编

策划编辑:范　莹
责任编辑:李　昊
封面设计:原色设计
责任校对:曾　婷
责任监印:赵　月
出版发行:华中科技大学出版社(中国·武汉)　　电话:(027)81321913
　　　　　武汉市东湖新技术开发区华工科技园　　邮编:430223
录　　排:武汉市洪山区佳年华文印部
印　　刷:武汉市洪林印务有限公司
开　　本:787mm×1092mm　1/16
印　　张:11.5
字　　数:291 千字
版　　次:2019 年 1 月第 1 版第 1 次印刷
定　　价:29.80 元

前　言

　　本书以线性电路为基础、以电路理论的经典内容为核心、以提高学生的电路理论的水平和分析解决问题的能力为出发点,共分为三个部分:第一部分主要介绍直流作用下电路的一些分析方法,如等效变换、回路电流法、节点电压法、戴维南定理等;第二部分主要介绍一阶动态电路的分析方法;第三部分主要介绍交流稳态电路的分析,包括相量法、耦合电感、电路的频率响应和三相电路等内容。其宗旨是掌握相量分析法,把时域变量转换为频域变量,再应用第一部分介绍的分析方法解决问题。

　　本书按照电类相关专业教学的要求,结合应用型人才培养的教学实际,以"突出重点、强化应用"为指导,注重基本概念、基本方法和基本原理。根据学生的学习和认知规律,在阐述时尽量由浅入深、循序渐进,对重点和难点,尽量精讲细讲,保证知识的连贯性,便于学生课后自学和阅读,也有利于学生对基本理论和分析方法的理解、掌握。

　　需要说明的是,由于电路中的对偶关系比比皆是,读者在学习过程中若能理解并掌握这一关系的应用,将能达到事半功倍的效果。同时教师若能在教学过程中及时引导学生发现电路中的对偶现象将会极大地提高教学效率。

　　参加本书编写工作的有:张荆沙(第8章至第11章)、葛蓁(第4章、第6章、第7章)、宋朝霞(第1章、第5章)、赵庆(第3章)、马华玲(第2章)。全书由张荆沙负责策划、统筹。

　　本书在编写过程中,查阅和参考了诸多作者的文献,在此一并表示感谢。同时由于时间、水平有限,书中尚有不足和谬误之处,敬请读者批评指正。

编　者

2019 年 1 月

目　　录

第1章　电路模型和电路定律

随着科学技术的飞速发展,现代电工电子设备种类日益繁多,其规模和结构的变化更是日新月异,但不论怎样设计和制造,这些设备绝大多数仍是由各式各样的电路所组成的。不论电路的结构多么复杂,它和最简单的电路之间还是具有许多基本的共性,且遵循相同的规律。本章的重点就是阐述这些电路的共性及分析电路的基本规律,包括实际电路与电路模型、电流和电压的参考方向、电功率和能量、电阻和电导、独立电源、受控电源和基尔霍夫定律。

1.1　实际电路与电路模型

在实际生活中,有些电路较为复杂,例如,电力的产生、输送和分配是通过发电机、变压器、输电线等完成的,它们形成一个庞大而复杂的电路或系统。而有些电路却非常简单,例如手电筒电路就是一个简单的电路。图 1-1(a)所示的为一个最简单的实际手电筒电路。但不论是小到手电筒电路,还是大到输电网电路,它们的组成都可简化成四个概念。

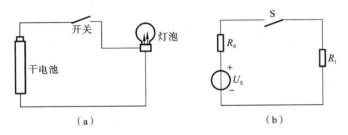

图 1-1　实际手电筒电路及其电路模型

(1) 电源:提供电能或电信号的器件,能将其他形式的能量转换为电能,如干电池。

(2) 负载:要求输入电能或电信号的器件,能将电能转化成其他形式的能量,如灯泡。

(3) 传导:作为电路组成的辅助环节,保证电路中电能或电信号传输的器件,如导线。

(4) 控制:作为电路组成的另一辅助环节,实现电路的通断,如开关。

其中,电源又称为激励,由激励在电路中产生的电压和电流,称为响应。

实际电器元件和设备的种类很多,如各种电源、电阻器、电感器、变压器、晶体管等,在它们之间发生的物理现象是很复杂的。因此,为了便于对实际电路进行分析和数学描述,我们通过科学的抽象,用一些模型来代替实际电器元件和设备的外部特性和功能,并将这些模型称为电路模型。其中,构成电路模型的元件称为模型元件,也称为理想电路元件。理想电路元件只是实际电器元件和设备在一定条件下的一种理想化模型。它能反映实际电器元件和设备在一定条件下的主要电磁性能,并用规定的模型元件符号来表示。

图 1-1(b)所示的为实际手电筒电路对应的电路模型,其中电压 U_s 和电阻 R_0 的串联组合

即为干电池的模型,电阻 R_1 为电灯的模型。图 1-2 所示的为楼道双控开关电路模型,实际电路为家庭常见的电路,它利用两个单刀双掷开关 S_1 和 S_2 组合实现异地控制。火线和零线之间为电源,灯泡为负载,连接所用的导线实现传导功能,开关作为控制器件。

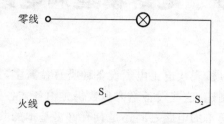

图 1-2　楼道双控开关电路模型

把实际电路的本质特征抽象出来所形成的理想化电路,与实际电路具有相同的电磁特性。发生在实际电路中的电磁现象性质可分为四种:消耗电能、供给电能、存储电场能量、存储磁场能量。其中每一种电磁现象可以用一种理想电路元件来表征(注:忽略其次要性质,用一个表征其主要物理特性的理想化模型),分别对应为电阻、电源、电容、电感。

值得注意的是,本书中所涉及的电路均指由理想电路元件构成的电路模型。

1.2　电流和电压的参考方向

1. 基本物理量

电路理论中设计的物理量主要有电流 I、电压 U、电荷 Q、磁通 ϕ、电功率 P 和电功 W。电路分析中主要关注的是电流、电压和电功率。

2. 电流和电流的参考方向

1) 电流

电流的定义:单位时间内通过导体横截面的电荷量(见式(1-1)),单位为安培,符号为 A。

$$i(t) = \frac{\mathrm{d}q}{\mathrm{d}t} \tag{1-1}$$

若 $\dfrac{\mathrm{d}q}{\mathrm{d}t}$ 恒定不变,则为直流;若 $\dfrac{\mathrm{d}q}{\mathrm{d}t}$ 随时间变化,则为交流。另外,测量电流时,一般采用电流表;使用时,将电流表串联到电路中。

2) 参考方向

规定正电荷流动的方向为电流的实际方向。因为当遇到较为复杂的电路时,电流的实际方向很难确定,为了能很好地分析电路,所以引入了参考方向。

电流参考方向即为任意假设的一个电流方向,电流方向可以用箭头或双下标表示。

在电路中,每条通路的电流方向有且只有两个可能的选择。因此,可以用代数量来表示有方向的电流,其中符号表示方向,绝对值表示大小。

如图 1-3 所示,虚箭头为参考电流方向,实箭头为实际电流方向。如果通过参考方向计算出来的电流为正值,则说明电流的实际方向与假设的参考方向一致,如图 1-3(a)所示;如果为负值,则说明电流的实际方向与假设的参考方向相反,如图 1-3(b)所示。

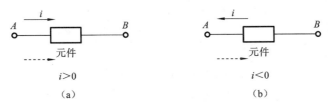

$i>0$ （a）　　　　　$i<0$ （b）

图 1-3　电流的参考方向

例 1-1　如图 1-4 所示,电路中的电流为 1 A,对吗?

解　不对。

因为在分析前必须指明参考方向。

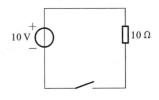

3. 电压和电压的参考方向

1）电位

电位是外力将单位正电荷从 a 点移动到参考点(0 电位)所做的功。a 点的电位记为 V_a。

图 1-4　例 1-1 图

2）电压

电压是指电路中两点间的电压(见式(1-2)),在数值上等于电场力将单位正电荷从 a 点移动到 b 点所做的功,即

$$U_{ab}=\frac{\mathrm{d}W_{ab}}{\mathrm{d}q} \tag{1-2}$$

也可定义为 a、b 两点的电位差,即

$$U_{ab}=V_a-V_b \tag{1-3}$$

值得注意的是,测量电压时,一般采用电压表;使用时将电压表并联在被测器件的两端。

3）电压的参考方向

电压的实际方向是电位降低的方向。在电路分析计算时,必须预先假定电压的参考方向。在电路中,电压的参考方向可以用箭头、双下标或＋、－号表示。

电位是相对的,它取决于零电位点,当零电位点不同时,同一点的电位不同。而电压是绝对的,选择不同的电位参考点不会影响某两点之间的电压。

例 1-2　如图 1-5 所示,4 库仑的正电荷由 a 点移动到 b 点,电场力所做的功为 8 J;由 b 点移动到 c 点,电场力所做的功为 12 J。

(1) 以 b 为零电位点,计算 a,b,c 三点的电位 V_a,V_b,V_c 和电压 U_{ab},U_{bc},U_{ac}。

(2) 以 c 为零电位点,计算 a,b,c 三点的电位 V_a,V_b,V_c 和电压 U_{ab},U_{bc},U_{ac}。

解　(1) 以 b 点为零电位点,根据式(1-2),可计算出

$$U_{ab}=\frac{\mathrm{d}W_{ab}}{\mathrm{d}q}=2\ \mathrm{V}, \quad U_{bc}=\frac{\mathrm{d}W_{bc}}{\mathrm{d}q}=3\ \mathrm{V}$$

又因为

$$U_{ab}=V_a-V_b, \quad U_{bc}=V_b-V_c, \quad V_b=0$$

则可得

$$V_a=2\ \mathrm{V}, \quad V_c=-3\ \mathrm{V}$$

$$U_{ac}=V_a-V_c=[2-(-3)]\ \mathrm{V}=5\ \mathrm{V}$$

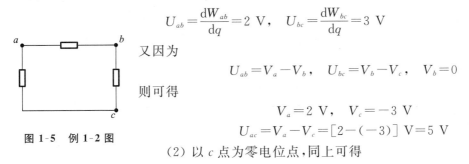

图 1-5　例 1-2 图

(2) 以 c 点为零电位点,同上可得

$$U_{ab}=2 \text{ V}, \quad U_{bc}=3 \text{ V}$$

又因为

$$V_c=0$$

则可得

$$V_b=3 \text{ V}, \quad V_a=5 \text{ V}$$

$$U_{ac}=U_{ab}+U_{bc}=(2+3) \text{ V}=5 \text{ V}$$

由此可见,当零电位点不同时,同一点的电位不同。而对于某两点间的电压,与零电位点无关,且与路径无关。

4. 关联参考方向

当电流的参考方向由电压的参考极性的正极指向负极时,称为关联参考方向,否则称为非关联参考方向,如图 1-6 所示。

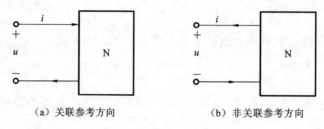

（a）关联参考方向　　　　（b）非关联参考方向

图 1-6　关联参考方向的判别

在采用关联参考方向时,以下三点值得注意:

(1) 电压和电流的参考方向可以任意假设,但在分析电路前必须选定参考方向;

(2) 参考方向一经选定,必须在图中标明,且在计算过程中不得任意改变;

(3) 在计算过程中,不考虑实际方向,总以参考方向为准。

1.3　电功率和能量

1. 电功率

单位时间内电场力所做的功,即做功的速度,就称为电功率,用字母 P 表示,单位为 W(瓦特,简称瓦)。

$$P=\frac{\mathrm{d}W}{\mathrm{d}t}=\frac{\mathrm{d}W}{\mathrm{d}q}\cdot\frac{\mathrm{d}q}{\mathrm{d}t}=u\cdot i \tag{1-4}$$

具体功率计算时,根据该元件的两端电压和流过电流是否为关联参考方向,进行计算公式的选择和收发功率的判断。

2. 功率计算

1) 计算公式的选择

关联参考方向时:　　　　　　　　　　$P=u\cdot i$ \hfill (1-5)

非关联参考方向时:　　　　　　　　　$P=-u\cdot i$ \hfill (1-6)

2) 收发功率的判断

在一个闭合电路中,若某个元件吸收的功率 $P>0$ 时,则认为该元件是吸收功率;若某个

元件吸收的功率 $P<0$ 时,则认为该元件是释放电能即发出功率。

例 1-3 在图 1-7 所示的电路中,求各元件的功率,并说明是吸收功率还是发出功率。

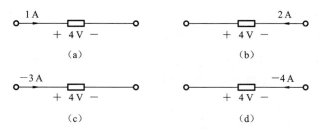

图 1-7 例 1-3 图

解 (1) 该元件采用的是关联参考方向。

$P=ui=4\times1$ W $=4$ W;$P>0$,该元件是吸收功率。

(2) 该元件采用的是非关联参考方向。

$P=-ui=-4\times2$ W $=-8$ W;$P<0$,该元件是发出功率。

(3) 该元件采用的是关联参考方向。

$P=ui=4\times(-3)$ W $=-12$ W;$P<0$,该元件是发出功率。

(4) 该元件采用的是非关联参考方向。

$P=-ui=-4\times(-4)$ W $=16$ W;$P>0$,该元件是吸收功率。

例 1-4 在图 1-8 所示的电路中,求电源和电阻的功率。

解 设 c 点为零电位点,则

$$V_a=10 \text{ V}, \quad V_b=5 \text{ V}$$

$$u=U_{ab}=V_a-V_b=(10-5) \text{ V}=5 \text{ V}$$

$$I=\frac{U}{5}=1 \text{ A}$$

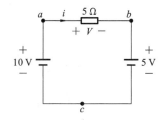

图 1-8 例 1-4 图

由图可知,10 V 电源是非关联参考方向,则 $P=-UI=-10\times1$ W $=-10$ W,$P<0$,发出功率。

5 V 电源是关联参考方向,则 $P=UI=5\times1$ W $=5$ W,$P>0$,吸收功率。

5 Ω 电阻是关联参考方向,则 $P=UI=5\times1$ W $=5$ W,$P>0$,吸收功率。

由此可见,电源在电路中不一定都是发出功率,也有可能会吸收功率。在整个电路中,所有发出功率应等于所有吸收功率,即满足功率守恒原则。

能量为

$$W = \int_{T_0}^{T} P(t)\mathrm{d}t = \int_{T_0}^{T} u(t) \cdot i(t)\mathrm{d}t$$

1.4 电阻和电导

在实际电路中电流的流动并不是畅通无阻的,比如,在用金属材料绕制的电阻器中,电流是由自由电子的定向移动形成的。事实上,电子在受电场力作用作定向运动过程中,必然会碰撞到金属内部存在的原子、离子,也就是说,这种碰撞会对电流呈现一定的阻力,当然也就会损

耗能量。电阻就是电路中的一种参数,用来表征材料或器件对电流呈现的阻力、损耗的能量。如灯泡、电炉等在一定条件下就可以用一个二端线性电阻元件作为模型来表示。在本书中,主要涉及的元件是指线性电阻。

1. 线性电阻元件

线性电阻元件作为一种理想元件,是指在电压和电流取关联参考方向下,任意瞬间线性电阻两端的电压和流过它的电流都遵循欧姆定律,即

$$u=Ri \tag{1-7}$$

电阻的倒数称为电导,用符号 G 表示,即

$$G=\frac{1}{R} \tag{1-8}$$

在国际单位制中,电导的单位是西门子,简称西(S)。物理意义上,电导和电阻一样,都是反映材料或器件导电能力强弱的参数。

电阻元件的符号和参数如图 1-9 所示。式(1-8)中 R 即为元件的电阻,是一个正常数。当电压单位用 V,电流单位用 A 表示时,电阻的单位为 Ω(欧姆,简称欧),电阻元件的特性即为伏安特性,图 1-10 所示的为线性电阻元件的伏安特性。

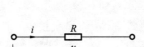
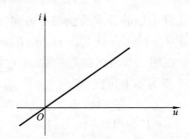

图 1-9 电阻元件的符号和参数　　　图 1-10　线性电阻元件的伏安特性

若电压和电流采用非关联参考方向时,则

$$u=-Ri \tag{1-9}$$

在采用关联参考方向时,电阻元件的功率为

$$P=ui=i^2R=\frac{u^2}{R}=u^2G \tag{1-10}$$

电阻元件的能量为

$$W=\int_{T_0}^{T}P(t)\mathrm{d}t=\int_{T_0}^{T}u\cdot i\mathrm{d}t \tag{1-11}$$

2. 开路和短路

在电路中,根据所接负载的情况,电路的工作状态可分为开路、短路和负载状态,如图 1-11 所示。

1) 开路

如图 1-11(a)所示,无论电压 u 为何值时,电流 $i=0$,含源电路可看成负载电阻为无穷大的电阻元件。

2) 短路

如图 1-11(b)所示,无论电流 i 为何值时,电压 $u=0$,含源电路可看成负载电阻为零的电

阻元件。

3）负载状态

如图 1-11(c)所示，外电路接负载 R，电流 i 的值随负载 R 的变化而变化。

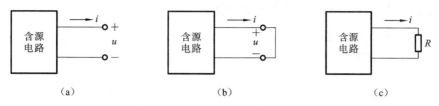

图 1-11 开路、短路和负载状态

1.5 独立电源

一般电路中都有电源，而电源可以在电路中引出电流，为电路提供电能。实际的电源有许多种，如干电池、蓄电池、发电机等。在进行电路理论分析时，根据电源元件的不同特性可以给出电源的两种电路模型：电压源和电流源。

电压源是指能向电路提供一定电压的设备。在工程实际使用中，由于电压源总是存在内阻的，因此当外接负载变动时，电压源的输出电压会随之改变，此种电压源就称为实际电压源。为了更好地满足工程电压源的需求，应使输出电压基本保持不变。制作电压源设备时，总是希望电源的内阻越小越好，如果内阻等于 0 时，该电压源就称为理想电压源。

电流源是指能向电路提供一定电流的设备。电流源跟电压源一样，在工程实际使用中是有内阻存在的，当连接负载后，内阻会分掉一部分电流，从而使得负载上获得的电流会随负载的变化而变化，此种电流源就称为实际电流源。另外，能够提供稳定电流输出的电流源，就称为理想电流源。

1. 理想电压源

理想电压源是指内阻为零，且不论外部电路如何变化，两端电压总能保持定值或一定时间函数的电源。理想电压源的符号和直流伏安特性曲线如图 1-12 所示。

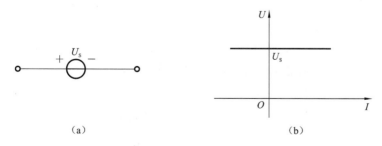

图 1-12 理想电压源的符号和直流伏安特性曲线

2. 实际电压源

实际电压源即内阻不为零，且考虑外接电路后不可忽略该内阻的电压源，其可以等效为理想电压源 U_s 和电阻 R_s 的串联，其中电阻 R_s 为电源内阻，则对外电压受电源内阻的影响而变

小,其值为

$$U = U_s - R_s I \tag{1-12}$$

实际电压源的符号和伏安特性曲线如图 1-13 所示,在电路中,实际电压源不允许短路,因为其内阻趋于 0,若短路电流很大,则有可能烧坏电源。

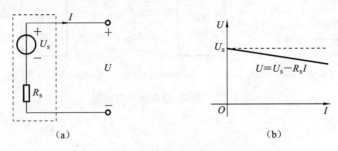

(a)   (b)

图 1-13　实际电压源的符号和伏安特性曲线

3. 理想电流源

理想电流源是指不论外部电路如何变化,其电流总能保持定值或一定时间函数的电源。理想电流源的电流由它本身决定,而两端的电压由外电路决定。它的符号和直流伏安特性曲线如图 1-14 所示。

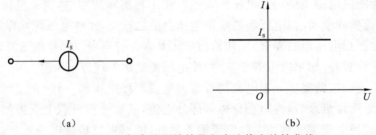

(a)   (b)

图 1-14　理想电流源的符号和直流伏安特性曲线

4. 实际电流源

实际电流源可以等效为理想电流源和电阻的并联,其中电阻 R_s 为电源内阻,则输出电流受电源内阻的影响而减小,其值为

$$I = I_s - \frac{U}{R_s} \tag{1-13}$$

实际电流源的符号和伏安特性曲线如图 1-15 所示。在电路中,实际电流源不允许开路,因为其内阻趋于∞,若开路端电压很大,则有可能烧坏电源。

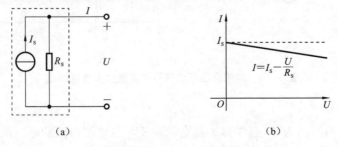

(a)   (b)

图 1-15　实际电流源的符号和伏安特性曲线

例 1-5 在图 1-16 中,试求:(1) 电阻两端的电压;(2) 1 A 电流源两端的电压及功率。

解 (1) 5 Ω 电阻和 1 A 电流源串联,因此流过 5 Ω 电阻的电流就是 1 A,而与 2 V 电压源无关,即

$$U_1 = 5 \times 1 \text{ V} = 5 \text{ V}$$

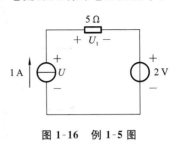

图 1-16 例 1-5 图

(2) 1 A 电流源两端的电压包括 5 Ω 电阻上的电压和 2 V 电压源上的电压,因此

$$U = U_1 + 2 \text{ V} = (5 + 2) \text{ V} = 7 \text{ V}$$
$$P = 1 \times 7 \text{ W} = 7 \text{ W}$$

1.6 受控电源

对于前面讨论的独立电源,不论是理想的还是实际的,电压源的电压和电流源的电流都是由电源本身决定的,而与电源之外的其他电路无关。另外一种电源叫作受控电源,又称非独立源,即电压或电流的大小和方向受电路中其他地方的电压或电流控制的电源。受控电源并不是真实的电源,它只是标明了电子器件中所发生的某种物理现象。根据输出量是电压还是电流可以分为受控电压源和受控电流源。

受控电压源的电压受其他支路电压或电流的控制;受控电流源的电流受其他支路的电压或电流的控制。为了与独立电源区别,受控电源的符号用菱形表示,如图 1-17 所示。

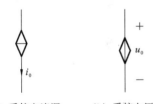

（a）受控电流源　（b）受控电压源

图 1-17 受控电源的电路符号

受控电源像电阻器、电感器、实际电压源等器件一样,是实际存在的一种器件,如晶体管、运算放大器、变压器等。受控电源是一种双口四端元件,其中一对是输入端,一对是输出端,输出受输入的控制。由于输出量受输入量的控制,因此,输入量称为控制量,输出量称为受控量。根据控制量是电压还是电流,受控电源是电压源还是电流源,可将受控电源分为四种受控类型,即电压控制电压源(VCVS),电压控制电流源(VCCS),电流控制电压源(CCVS)以及电流控制电流源(CCCS),对应的符号如图 1-18 所示。图中 u_1 和 i_1 分别表示控制电压和控制电流,μ、r、g 和 β 分别表示相关的控制系数,其中 μ 和 β 是量纲为一的量,r 和 g 是分别具有电阻和电导的量纲。

独立电源是电路中的输入,它表示外界对电路的作用,电路中电压和电流是由于独立电源起的激励作用产生的。受控电源则不同,它是用来反映电路中某处的电压或电流能控制另一处的电压或电流的这一现象的,或表示一处的电路变量与另一处的电路变量之间的一种耦合关系。在求解具有受控电源的电路时,可以把受控电压(电流)源作为电压(电流)源处理,但必须注意前者的电压(电流)是取决于控制量的。

在分析含受控电源的电路时首先应注意以下几点。

(1) 分清电路中的独立电源与受控电源。独立电源用圆形符号表示,受控电源用菱形符号表示。

(2) 从受控电源的不同符号上分清受控电源是受控电压源还是受控电流源。

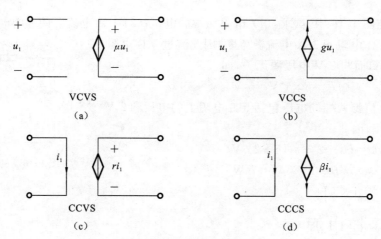

图 1-18　四种受控电源

（3）注意受控电源的控制量在哪里，控制量是电压还是电流。在图 1-18 中控制电路和受控电路画在一起，而在实际电路中两者有可能分开较远。

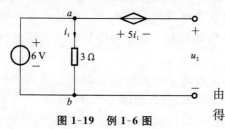

图 1-19　例 1-6 图

例 1-6　如图 1-19 所示，求 u_2。

解　由于 $U_{ab} = 6$ V，所以

$$i_1 = \frac{U_{ab}}{3\ \Omega} = \frac{6}{3}\ \text{A} = 2\ \text{A}$$

$$6 = 5i_1 + u_2$$

由

得

$$u_2 = -4\ \text{V}$$

1.7　基尔霍夫定律

1. 基本术语

1）支路

由一个或 n 个元件串联组成的分支（或是指通过统一电流的分支）称为支路。图 1-20 中共有 5 条支路，分别是 ab，bc，cd，cf，be。

2）节点

电路中三条或三条以上支路的连接点即为节点。图 1-20 中共有 3 个节点，分别是 b 点、c 点、e 点（f 点与 e 点同电位点）。

3）回路

电路中由一条或 n 条支路组成的任一闭合路径称为回路。图 1-20 中共有 6 个回路，分别是 abe，$bcfe$，cdf，$abcfe$，$abcdfe$，$bcdfe$。

4）网孔

回路中不能再分割的基本回路称为网孔。图 1-20 中共有 3 个网孔，分别是 abe，$bcfe$，cdf。可以看得出，网孔一定是回路，但回路不一定是网孔，一个电路中的回路通常多于网孔。

2. 基尔霍夫电流定律

基尔霍夫电流定律（KCL）是描述电路中各支路电流间相互关系的定律，其数学表述形式

有两种。

（1）表述一：是指在任意时刻，对电路中的任一节点，流入该节点的支路电流之和等于流出该节点的支路电流之和。即

$$\sum i_{\text{in}} = \sum i_{\text{out}} \qquad (1\text{-}14)$$

此结论为基尔霍夫电流定律的第一种表述形式。

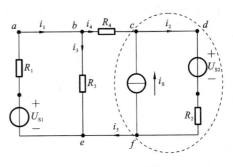

图 1-20　电路图

对于图 1-20 中的节点 b，有

$$i_1 = i_3 + i_4$$

（2）表述二：是指在电路中，任何时刻，对任一节点，所有流出或流入该节点电流的代数和恒等于 0。即

$$\sum i = 0 \qquad (1\text{-}15)$$

此结论为基尔霍夫电流定律的第二种表述形式。在写此式时，代数和是根据电流是流出节点还是流入节点来判断的，若流出的前面取"＋"号，则流入的前面取"－"号。

对图 1-20 中的节点 b，有

$$-i_1 + i_3 + i_4 = 0$$

（3）基尔霍夫电流定律的推广。KCL 不仅可用于节点，它对闭合面也是适用的。在如图 1-21 所示电路中，用虚线框出的闭合面，可以看成是一个广义的节点，则

$$i_1 + i_2 = i_3$$

即所有流出该闭合面的电流之和等于所有流入该闭合面的电流之和。

例 1-7　如图 1-22 所示电路中，求电流 i。

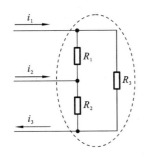

图 1-21　闭合面的电路图

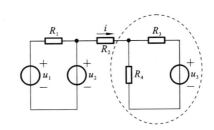

图 1-22　例 1-7 图

解　根据基尔霍夫电流定律的推广，虚线所画出的回路可以看成是一个闭合面，即一个广义的节点，利用 KCL 列方程可得

$$i = 0$$

3. 基尔霍夫电压定律

基尔霍夫电压定律（KVL）是描述电路中各支路电压间相互关系的定律，其数学表述形式有两种。

（1）表述一：是指在电路中，任何时刻，沿任一回路的各支路电压的代数和恒等于 0。需先标定各元件的电压参考方向，并选定回路的绕行方向（顺时针或逆时针），当参考方向与绕行方

向相同时,取"+"号,反之,取"-"号,即

$$\sum u = 0 \qquad (1\text{-}16)$$

此结论为基尔霍夫电压定律的第一种表述方式。

在图 1-23 中,选择沿顺时针方向绕行列 KVL 方程:

$$u_1 + u_2 - u_3 - u_4 = 0$$

(2) 表述二:是指在电路中,任何时刻,沿任一回路中的所有电压升之和等于所有电压降之和。

KVL 不仅适用于实际的闭合回路,也适用于电路中的任意假想回路,如图 1-24 所示。

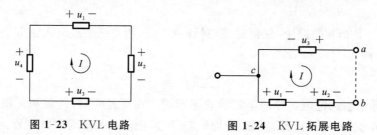

图 1-23 KVL 电路   图 1-24 KVL 拓展电路

a、b 两点利用虚线连接构成回路,以顺时针方向绕行,利用 KVL 可得

$$-u_3 + u_{ab} - u_2 - u_1 = 0$$

$$u_{ab} = u_1 + u_2 + u_3$$

例 1-8 在如图 1-25 所示电路中,已知 $u_1 = u_3 = 1$ V,$u_2 = 4$ V,$u_4 = u_5 = 2$ V,求电压 u_x。

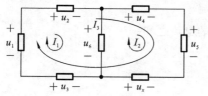

图 1-25 例 1-8 图

解 针对图中给出的电压参考方向和回路的绕行方向,对回路 I_1 和回路 I_2 分别列出 KVL 方程,得

$$u_2 + u_6 - u_3 - u_1 = 0$$

$$u_4 + u_5 - u_x - u_6 = 0$$

将两个方程相加消去 u_6,得

$$u_x = -u_1 + u_2 - u_3 + u_4 + u_5 = 6 \text{ V}$$

这里需要注意的是,如果选择回路 I_3 列 KVL 方程,可得

$$-u_1 + u_2 + u_4 + u_5 - u_x - u_3 = 0$$

移项,可得

$$u_x = -u_1 + u_2 - u_3 + u_4 + u_5 = 6 \text{ V}$$

在选择回路 I_3 列写 KVL 方程求解电压 u_x 时,较选用回路 I_1 和回路 I_2 时简单。由此可见,在列写 KVL 方程时,对回路的选择很重要,应尽量通过已知量和待求量的关系确定最易求解的回路。

4. 两种约束的概念

基尔霍夫电流定律(KCL)是描述电路中各支路电流间的约束关系的,基尔霍夫电压定律(KVL)是描述电路中各支路电压间的约束关系的,它们都与电路元件的性质无关,而只取决于电路的连接方式,所以称它们为连接方式约束或拓扑约束,而把所写出的方程称为 KCL 约束方程或 KVL 约束方程。

电路的另一种约束是电路元件的电流与电压关系的约束,即电路元件伏安关系的约束,这

种约束与电路的连接方式无关,而取决于电路元件的性质,称为电路元件约束,简称元件约束,即之前学习过的欧姆定律。

KCL、KVL 和欧姆定律是分析电路的三大基本定律和依据,贯穿本课程。

例 1-9 在如图 1-26 所示电路中,已知 $R_1=0.5$ kΩ,$R_2=1$ kΩ,$R_3=2$ kΩ,$u_S=10$ V,电流控制电流源的电流 $i_c=50i_1$。求电阻 R_3 两端的电压 u_3。

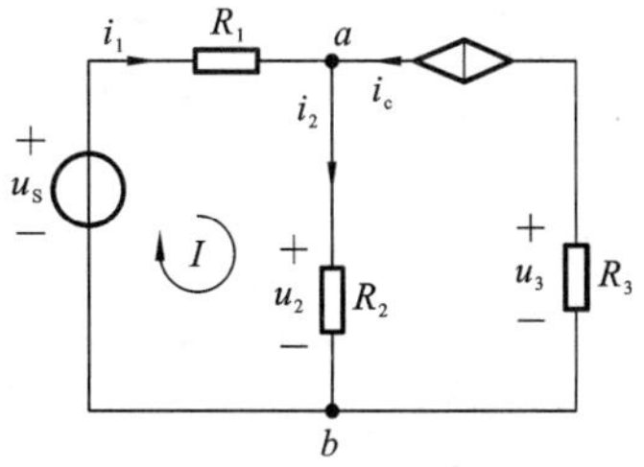

解 有受控源的电路,一般选用控制量 i_1 作为未知量,求得 i_1 后再求 u_3。因此,求解步骤如下。

(1) 对节点 a 列 KCL 方程,即
$$-i_2+i_1+i_c=0$$
可得流过 R_2 的电流 i_2 为
$$i_2=i_1+i_c=51i_1$$

(2) 对回路 I 列 KVL 方程,有
$$-u_S+R_1i_1+R_2i_2=0$$
代入有关数值以及 i_2 的表达式,有
$$i_1=\frac{10}{51.5\times10^3} \text{ A}\approx0.194 \text{ mA}$$

(3) R_3 两端的电压 u_3 为
$$u_3=-2\times10^3 i_c=-2\times10^3\times50i_1=-19.4 \text{ V}$$

图 1-26 例 1-9 图

另外,基尔霍夫定律对于几种参数电路具有普遍适用性,既适合于线性电路,也适合于非线性电路。同时,在电路工作的任一瞬间,随时间变化的电压和电流都满足基尔霍夫定律。

习 题 1

1-1 已知电路中 a,b,c 三点的电位分别为 $V_a=3$ V,$V_b=2$ V,$V_c=-2$ V,求电压 U_{ab},U_{ca},U_{bc}。

1-2 如题 1-2 图所示电路中,(1) 若 $i=2$ A,$u=5$ V,求该支路吸收的功率;(2) 若 $i=5$ A,$u=-10$ V,求该支路发出的功率。

1-3 如题 1-3 图所示电路中,已知 $i_1=-8$ A,$i_2=-2$ A,$i_3=6$ A,$u=-2$ V。试判断 A,B,C 三个元件哪个是吸收功率,哪个是发出功率。

题 1-2 图 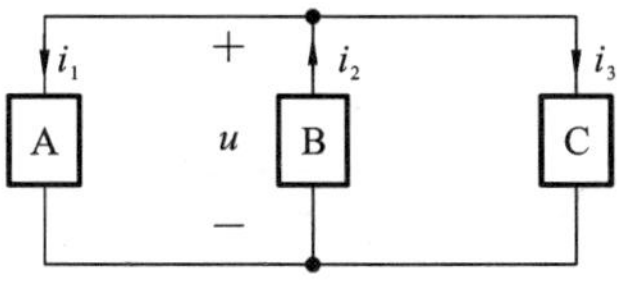　　　　　　　**题 1-3 图**

1-4 求如题 1-4 图所示电路中的电流 i。

1-5 如题 1-5 图所示电路中,求电流 i 和受控电压源发出的功率。

1-6 如题 1-6 图所示电路中,求 a,b 点的电位 u_a,u_b,并求电压 u_{ab}。

1-7 如题 1-7 图所示电路中,已知 $I_1=-2$ A,$I_2=6$ A,$I_3=3$ A,$I_5=-3$ A,参考方向如图所示,求元件 4 和元件 6 中的电流。

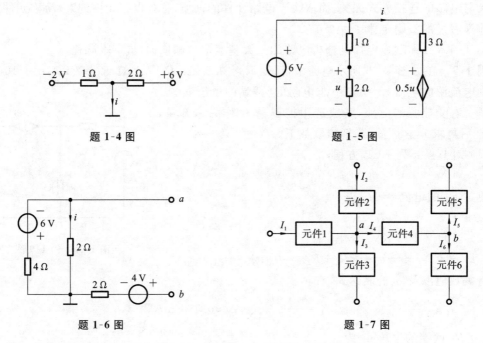

题 1-4 图　　　　　　　题 1-5 图

题 1-6 图　　　　　　　题 1-7 图

1-8　如题 1-8 图所示电路中,该电压源的开路电压为 30 V,当外接电阻 R 后,其端电压为 25 V,此时电路中的电流为 5 A。求 R 及电压源内阻 R_S。

1-9　如题 1-9 图所示电路中,有多少支路、节点、回路、网孔?

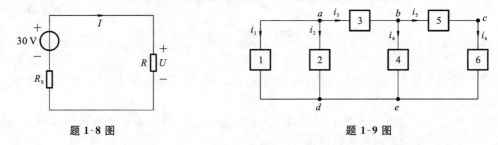

题 1-8 图　　　　　　　题 1-9 图

1-10　如题 1-10 图所示的三个回路,沿顺时针方向绕行回路一周,请写出 KVL 方程。

1-11　如题 1-11 图所示电路中,利用 KVL 求解图示电路中的电压 U。

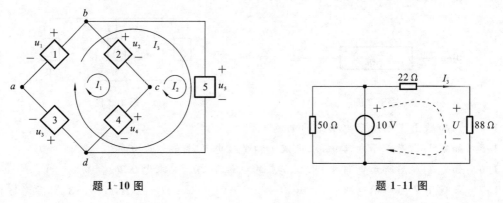

题 1-10 图　　　　　　　题 1-11 图

1-12　如题 1-12 图所示电路中,已知 $U_{S1}=3$ V,$U_{S2}=2$ V,$U_{S3}=5$ V,$R_2=1$ Ω,$R_3=4$ Ω,

计算 a,b,d 点的电位（以 c 点为参考点）和电流 I_1,I_2,I_3。

1-13 求题 1-13 图所示电路中的 I,U_1 和 U_2。

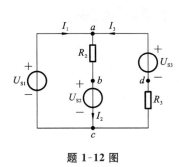

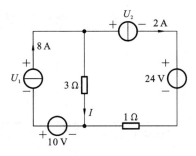

题 1-12 图　　　　　　　　　　　题 1-13 图

1-14 如题 1-14 图所示电路中，已知各点电位为 $U_1=20$ V，$U_2=12$ V，$U_3=18$ V，试求各支路电流。

1-15 如题 1-15 图所示电路中，已知 $U_1=6$ V，$U_2=10$ V，$R_1=4$ Ω，$R_2=2$ Ω，$R_3=4$ Ω，$R_4=1$ Ω，$R_5=10$ Ω，求电路中 a,b,c 三点的电位。

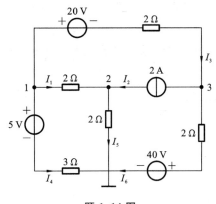

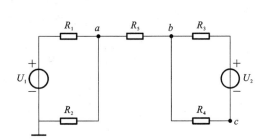

题 1-14 图　　　　　　　　　　　题 1-15 图

第 2 章　电路的等效变换

2.1　电路等效变换的概念

1. 二端网络(一端口网络)

任何一个复杂的电路,向外引出两个端子,且从一个端子流入的电流,等于从另一个端子流出的电流,则称其为二端网络,如图 2-1 所示。

图 2-1　二端网络

二端网络又分为无源二端网络和有源二端网络。其中无源二端网络指 N 中无独立源,有源二端网络指 N 中有独立源。

2. 二端网络等效的概念

若两个二端网络的端口具有相同的电压、电流关系(VCR),则称它们是等效的,如图 2-2 所示。

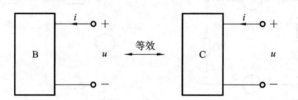

图 2-2　二端网络等效电路

如图 2-3 所示,对外电路 A 中的电流、电压而言是等效的。

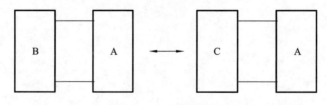

图 2-3　对外等效电路

图 2-3 中利用等效求解外电路 A 中的电流、电压和功率,若要求解 B 部分电路的电压、电流和功率,则不能利用等效来求。

综上所述,电路等效变换的条件是两电路具有相同的 VCR,且对外等效。等效变换的目的是简化电路,方便计算。

2.2 电阻的串联和并联

1. 电阻的串联及等效

根据 KCL,电阻串联的特点为各电阻中流过的电流相同,总电压等于各串联电阻的电压之和。等效电阻为各分电阻之和,如图 2-4 所示。

$$u = u_1 + u_2 = R_1 i + R_2 i = (R_1 + R_2)i \tag{2-1}$$

如果有 n 个电阻串联,则其中任意一个电阻的分压为

$$\frac{u_k}{u} = \frac{R_k}{\sum\limits_{i=1}^{n} R_i}, \quad k = 1, 2, \cdots, n \tag{2-2}$$

2. 电阻的并联及等效

根据 KVL,电阻并联的特点为各电阻两端电压相同,总电流等于流过各电阻的电流之和,如图 2-5 所示。

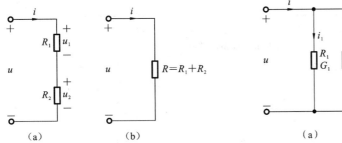

图 2-4 两电阻的串联等效   图 2-5 两电阻的并联等效

$$i = i_1 + i_2 = \left(\frac{1}{R_1} + \frac{1}{R_2} \right) u = (G_1 + G_2)u = Gu \tag{2-3}$$

如果有 n 个电阻并联,则其分流公式为

$$\frac{i_k}{i} = \frac{G_k}{\sum\limits_{i=1}^{n} G_i}, \quad k = 1, 2, \cdots, n \tag{2-4}$$

3. 电阻的串并联电路

用"+"表示串联,用"//"表示并联。

例 2-1 求图 2-6(a)中的等效电阻 R_{ab}。

解
$$R_{ab} = 20\ \Omega + (100\ \Omega // 100\ \Omega) = 70\ \Omega \tag{2-5}$$

例 2-2 求图 2-7(a)中的 R_{ab}。

解
$$R_{ab} = [4 + (15 // 10)]\ \Omega = 10\ \Omega \tag{2-6}$$

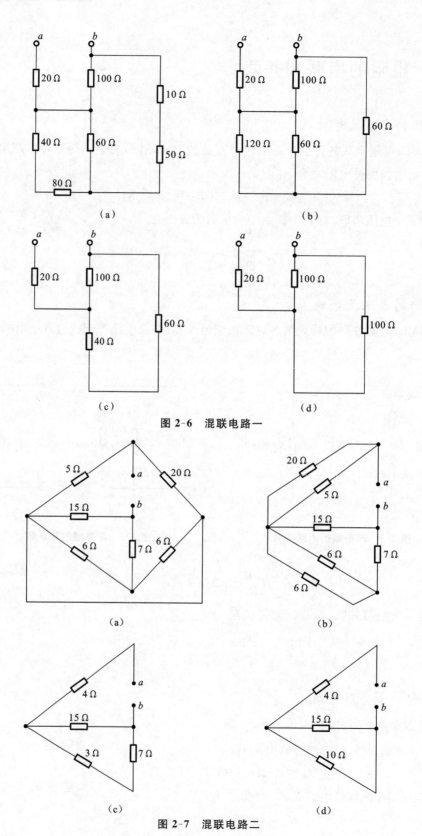

图 2-6 混联电路一

图 2-7 混联电路二

2.3 电阻的 Y-△ 变换

Y 形连接也称为星形连接,△ 形连接也称为三角形连接。图 2-8(a)所示的为 Y 形连接,图 2-8(b)所示的为 △ 形连接,当两种电路的电阻满足一定关系时,与外部连接的三个端子的特性可以相同,则两种连接可以互相变换。Y-△ 等效变换的条件为:对应的端子之间具有相同的电压,以及流入对应端子的电流分别相等,在这种条件下,两种电路彼此等效,如图 2-8 所示。

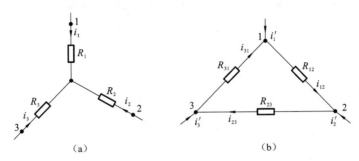

图 2-8 Y-△ 的等效变换

对于 △ 形连接电路,各电阻中的电流为

$$\begin{cases} i_{12} = \dfrac{u_{12}}{R_{12}} \\[2mm] i_{23} = \dfrac{u_{23}}{R_{23}} \\[2mm] i_{31} = \dfrac{u_{31}}{R_{31}} \end{cases} \tag{2-7}$$

根据 KCL,端子电流分别为

$$\begin{cases} i'_1 = \dfrac{u_{12}}{R_{12}} - \dfrac{u_{31}}{R_{31}} \\[2mm] i'_2 = \dfrac{u_{23}}{R_{23}} - \dfrac{u_{12}}{R_{12}} \\[2mm] i'_3 = \dfrac{u_{31}}{R_{31}} - \dfrac{u_{23}}{R_{23}} \end{cases} \tag{2-8}$$

对于 Y 形连接电路,应该根据 KCL 和 KVL 求出端子电压与电流之间的关系,方程为

$$i_1 + i_2 + i_3 = 0 \tag{2-9}$$

$$R_1 i_1 - R_2 i_2 = u_{12} \tag{2-10}$$

$$R_2 i_2 - R_3 i_3 = u_{23} \tag{2-11}$$

$$R_3 i_3 - R_1 i_1 = u_{31} \tag{2-12}$$

解出电流为

$$\begin{cases} i_1 = \dfrac{R_3 u_{12}}{R_1 R_2 + R_2 R_3 + R_3 R_1} - \dfrac{R_2 u_{31}}{R_1 R_2 + R_2 R_3 + R_3 R_1} \\[3mm] i_2 = \dfrac{R_1 u_{23}}{R_1 R_2 + R_2 R_3 + R_3 R_1} - \dfrac{R_3 u_{12}}{R_1 R_2 + R_2 R_3 + R_3 R_1} \\[3mm] i_3 = \dfrac{R_2 u_{31}}{R_1 R_2 + R_2 R_3 + R_3 R_1} - \dfrac{R_1 u_{23}}{R_1 R_2 + R_2 R_3 + R_3 R_1} \end{cases} \tag{2-13}$$

在式(2-8)与式(2-13)中,由于两个等效电路的对应的端子电流相等,所以电压前的系数也应该对应地相等。于是得到

$$\begin{cases} R_{12} = \dfrac{R_1 R_2 + R_2 R_3 + R_3 R_1}{R_3} \\[3mm] R_{23} = \dfrac{R_1 R_2 + R_2 R_3 + R_3 R_1}{R_1} \\[3mm] R_{31} = \dfrac{R_1 R_2 + R_2 R_3 + R_3 R_1}{R_2} \end{cases} \tag{2-14}$$

式(2-14)是根据 Y 形连接的电阻确定 △ 形连接的电阻的公式。

同样可以得到 R_1, R_2, R_3 为

$$\begin{cases} R_1 = \dfrac{R_{12} R_{31}}{R_{12} + R_{23} + R_{31}} \\[3mm] R_2 = \dfrac{R_{23} R_{12}}{R_{12} + R_{23} + R_{31}} \\[3mm] R_3 = \dfrac{R_{31} R_{23}}{R_{12} + R_{23} + R_{31}} \end{cases} \tag{2-15}$$

将以上互换公式归纳为

$$Y\ 形电阻 = \frac{\triangle\ 形相邻电阻的乘积}{\triangle\ 形电阻之和}$$

$$\triangle\ 形电阻 = \frac{Y\ 形电阻两两乘积之和}{Y\ 形不相邻电阻}$$

若在 Y 形连接中的 3 个电阻相等,即 $R_1 = R_2 = R_3 = R_Y$,则 △ 形连接中的 3 个电阻也相等,它们为

$$R_\triangle = R_{12} = R_{23} = R_{31} = 3R_Y \tag{2-16}$$

即

$$R_Y = \frac{1}{3} R_\triangle \tag{2-17}$$

其等效变换示意图如图 2-9 所示。

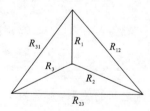

图 2-9　等效变换示意图

等效变换时的注意事项如下。

(1) 除正确使用电阻变换公式计算各电阻阻值外,还必须正确连接各端子。

(2) 等效是对外电路等效,对内不成立。

(3) 等效变换用于简化电路,不要把串并联问题看作对 Y 形与 △ 形结构进行等效变换。

△-Y 形变换步骤如下。

在 △ 形中间空白处找一点,由 △ 形的三个节点向该点连线,这根线上的电阻就是 Y 形电阻。用公式计算 Y 形电阻值,并去掉 △ 形各支路,保留节点,最后把弯曲的线拉直。

Y-△ 形变换步骤如下。

将 Y 形电路的三个非公共节点相连,这三根线上的电阻就是 △ 形电阻。用公式求 △ 形电阻,并去掉 Y 形各支路和 Y 形电路的公共节点,最后把弯曲的线拉直。

例 2-3　如图 2-10 所示电路中,求图中经过电源的电流 i。

解 方法 1：△ 变 Y，由于 △ 形各电阻相等，如图 2-11 所示，所以 $R_Y = \dfrac{1}{3}R_\Delta$，则

$$i = \frac{13}{\dfrac{1}{3} + \dfrac{4}{3} /\!/ \dfrac{7}{3}} \text{ A} = 11 \text{ A} \tag{2-18}$$

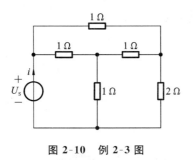

图 2-10　例 2-3 图

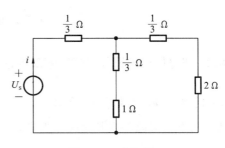

图 2-11　求解图 1

方法 2：Y 变 △，由于 Y 形各电阻相等，如图 2-12 所示，$R_\Delta = 3R_Y$，则

$$i = \frac{13}{3 /\!/ (1 /\!/ 3 + 3 /\!/ 2)} \text{ A} = 11 \text{ A} \tag{2-19}$$

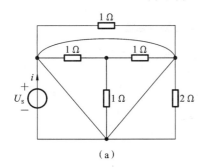

（a）

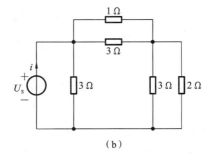

（b）

图 2-12　求解图 2

2.4　电源的串联和并联

2.4.1　理想电压源的串联和并联

1. 理想电压源的串联

n 个电压源的串联，可以用一个电压源等效替代，这个等效电压源的激励电压为

$$u_S = u_{S1} + u_{S2} + \cdots + u_{Sn} = \sum_{k=1}^{n} u_{Sk} \tag{2-20}$$

如果 u_{Sk} 的参考方向与图 2-13 中的 u_S 的参考方向一致，则式（2-20）中 u_{Sk} 的前面取"＋"号，否则取"－"号。

2. 理想电压源的并联

只有激励电压相等且极性一致的电压源才允许并联，否则违背 KVL。其等效电路为其中任一电压源，但是这个并联组合向外部提供的电流在各个电压源之间如何分配则无法确定。

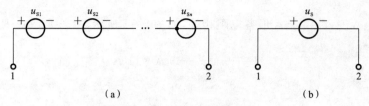

图 2-13　理想电压源的串联

2.4.2　理想电压源与支路的串并联等效

1. 理想电压源与支路的串联

理想电压源与支路的串联示意图如图 2-14 所示。

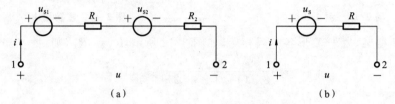

图 2-14　理想电压源与支路的串联

$$u = u_{S1} + R_1 i + u_{S2} + R_2 i = u_{S1} + u_{S2} + (R_1 + R_2) i \tag{2-21}$$

$$u = u_S + Ri \tag{2-22}$$

$$u_S = u_{S1} + u_{S2} \tag{2-23}$$

$$R = R_1 + R_2 \tag{2-24}$$

2. 理想电压源与支路的并联

理想电压源与支路的并联示意图如图 2-15 所示。

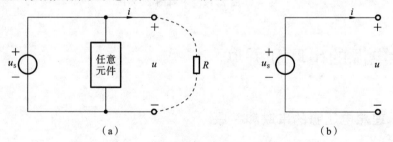

图 2-15　理想电压源与支路的并联

$$u = u_S \tag{2-25}$$

$$i = \frac{u}{R} = \frac{u_S}{R} \tag{2-26}$$

其中,端口电压和电流与任意元件无关,理想电压源和任意元件并联等效为该电压源。

2.4.3　理想电流源的串联和并联

1. 理想电流源的串联

只有激励电流相等且方向一致的电流源才允许串联,否则违背 KCL。其等效电路为其中任一电流源,但是这个串联组合的总电压在各个电流源之间如何分配则无法确定。

2. 理想电流源的并联

n 个电流源的并联,可以用一个电流源等效替代,这个等效电流源的激励电流为

$$i_S = i_{S1} + i_{S2} + \cdots + i_{Sn} = \sum_{k=1}^{n} i_{Sk} \tag{2-27}$$

如果 i_{Sk} 的参考方向与图 2-16 中 i_S 的参考方向一致,则式(2-27)中 i_{Sk} 的前面取"＋"号,否则取"－"号。

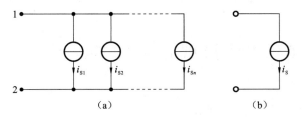

图 2-16　理想电流源的并联

2.4.4　理想电流源与支路的串并联等效

1. 理想电流源与支路的并联

理想电流源与支路的并联示意图如图 2-17 所示 。

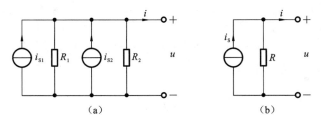

图 2-17　理想电流源与支路的并联

$$i = i_{S1} - \frac{u}{R_1} + i_{S2} - \frac{u}{R_2} = i_{S1} + i_{S2} - \left(\frac{1}{R_1} + \frac{1}{R_2}\right)u \tag{2-28}$$

由图 2-17(b)得

$$i = i_S - \frac{u}{R} \tag{2-29}$$

由式(2-28)和(2-29)得

$$i_S = i_{S1} + i_{S2} \tag{2-30}$$

$$\frac{1}{R} = \frac{1}{R_1} + \frac{1}{R_2} \tag{2-31}$$

2. 理想电流源与支路的串联

理想电流源与支路的串联示意图如图 2-18 所示。

$$i = i_S \tag{2-32}$$

$$u = Ri = Ri_S \tag{2-33}$$

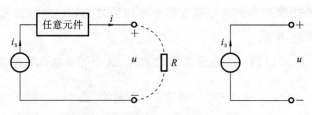

图 2-18 理想电流源与支路的串联

其中,端口电压和电流与任意元件无关,理想电流源与任意元件串联等效为电流源。

2.5 两种实际电源模型的互相转换

由图 2-19(a)得

$$u=u_\mathrm{S}-R_1 i \tag{2-34}$$

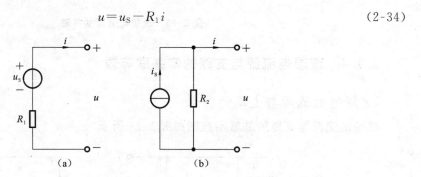

(a)   (b)

图 2-19 两种实际电源模型的互相转换

由图 2-19(b)得

$$i=i_\mathrm{S}-\frac{u}{R_2} \tag{2-35}$$

若令 $R_1=R_2=R$,则

$$i_\mathrm{S}=\frac{u_\mathrm{S}}{R} \tag{2-36}$$

则图 2-19(a)中

$$u=u_\mathrm{S}-Ri \tag{2-37}$$

图 2-19(b)中

$$i=\frac{u_\mathrm{S}}{R}-\frac{u}{R} \tag{2-38}$$

$$u=u_\mathrm{S}-R \tag{2-39}$$

所以,在满足 $R_1=R_2=R$ 和 $i_\mathrm{S}=\dfrac{u_\mathrm{S}}{R}$ 时,实际电压源和实际电流源可以相互等效变换。

注意以下几点。

(1) 既要满足参数关系,也要满足方向关系,电流源的电流方向由电压源的负极指向正极。

(2) 对外等效。

（3）理想电压源和理想电流源不能相互转换。

（4）受控电流源和独立源一样可以进行电源转换，但转换过程中要注意不要把受控源的控制量转换掉。

例 2-4　求图 2-20 所示电路中的电流 I。

解　由图 2-21 可得

$$I = \frac{7\ \text{V}}{14\ \Omega} = 0.5\ \text{A}$$

例 2-5　求图 2-22 所示电路中的电压 u。

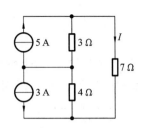

图 2-20　例 2-4 实际电源变换

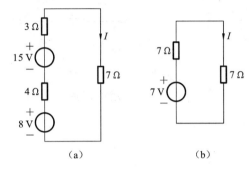

（a）　　　　　　（b）

图 2-21　例 2-4 实际电源变换求解

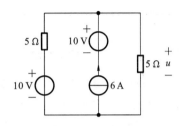

图 2-22　例 2-5 实际电源变换

解　由图 2-23 可得

$$u = 20\ \text{V}$$

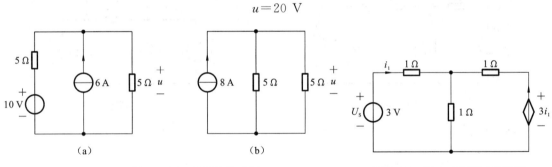

（a）　　　　　　（b）

图 2-23　例 2-5 实际电源变换求解

图 2-24　例 2-6 受控电源变换

例 2-6　求图 2-24 所示电路中的电流 i_1。

解　由图 2-25 可得

$$i_1 = 1\ \text{A}$$

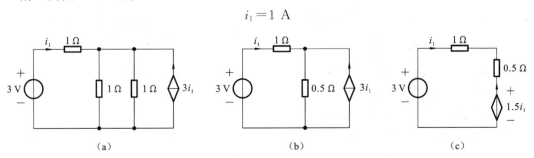

（a）　　　　（b）　　　　（c）

图 2-25　受控电源变换求解

习 题 2

2-1 求题 2-1 图中的等效电阻,其中 $R_1 = 1\ \Omega$,$R_2 = 2\ \Omega$,$R_3 = 3\ \Omega$。

2-2 用 Y-△ 和 △-Y 两种方法求题 2-2 图中 ab 端的等效电阻。

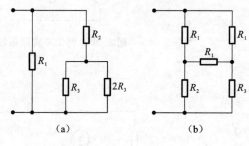

（a）　　　　　　　　（b）

题 2-1 图

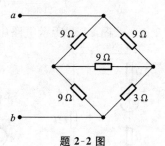

题 2-2 图

2-3 求题 2-3 图中 I、U_S、R 的值。

2-4 求题 2-4 图中的 i_1、i_2 和 u。

2-5 用电源等效变换求题 2-5 图中的电流 i。

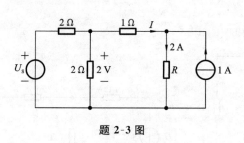

题 2-3 图　　　　　　　　　　题 2-4 图

2-6 用电源等效变换求题 2-6 图中的 u。

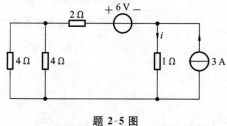

题 2-5 图

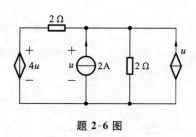

题 2-6 图

2-7 求题 2-7 图中 u 与 i 的关系。

2-8 求题 2-8 图中 u 与 i 的关系。

2-9 求题 2-9 图中 u 与 i 的关系。

2-10 求题 2-10 图中的电流 i。

2-11 求题 2-11 图中的电压 u。

2-12 用电源等效方法求题 2-12 图中的开路电压。

2-13 求题 2-13 图中的电流 i_1、i_2、i_3。

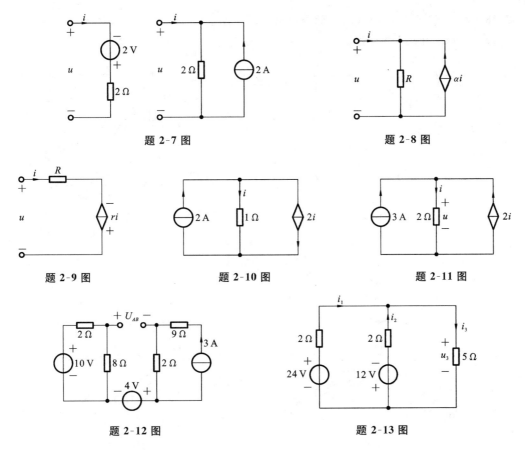

题 2-7 图　　　　　　　　　　　　题 2-8 图

题 2-9 图　　　　题 2-10 图　　　　题 2-11 图

题 2-12 图　　　　　　　　　题 2-13 图

2-14　求题 2-14 图中的电流 i。

2-15　求题 2-15 图中的电流 i 及受控电源的吸收功率。

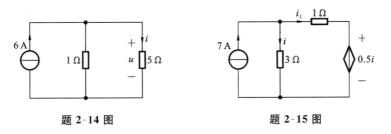

题 2-14 图　　　　　　　　题 2-15 图

2-16　求题 2-16 图中的电流 i 及受控电源的吸收功率。

2-17　求题 2-17 图中(a)和(b)的等效电流源电路。

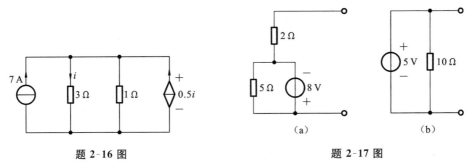

题 2-16 图　　　　　　　（a）　　　　　（b）

题 2-17 图

2-18 求题 2-18 图(a)和(b)中的等效电压源电路。

2-19 求题 2-19 图中的电流 i。

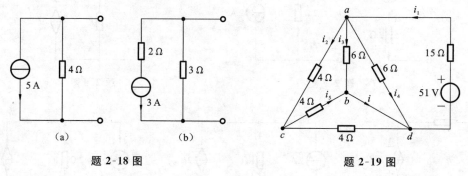

题 2-18 图　　　　　　题 2-19 图

2-20 求证题 2-20 图中的两个电路互为等效电路。

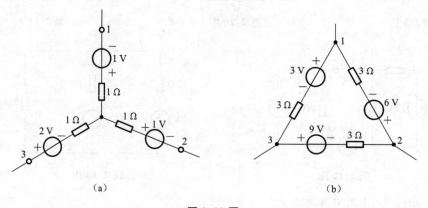

(a)　　　　　　(b)

题 2-20 图

第3章　电阻电路的一般分析

电路的一般分析是指方程分析法,是以电路元件的约束特性(VCR)和电路的拓扑约束特性(KCL、KVL)为依据,建立以支路电流或回路电流或节点电压为变量的电路方程组,解出所求的电压、电流和功率。方程分析法的特点是:① 具有普遍适用性,即无论线性和非线性电路都适用;② 具有系统性,表现为不改变电路结构,应用 KCL、KVL、元件的 VCR 建立电路变量方程,方程的建立有一套固定不变的步骤和格式,便于编程和用计算机计算。

本章的内容有:电路的拓扑基础,KCL 和 KVL 的独立方程数,支路电流法,回路电流法,节点电压法。

3.1　电路的拓扑基础

1. 网络图论

图论是拓扑学的一个分支,是富有趣味的、应用极为广泛的一门学科。图论的概念由瑞士数学家欧拉最早提出。欧拉在 1736 年发表的论文《依据几何位置的解题方法》中应用图的方法讨论了哥尼斯堡七桥难题,如图 3-1 所示。

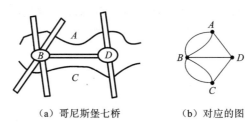

(a) 哥尼斯堡七桥　　　　　(b) 对应的图

图 3-1　哥尼斯堡七桥难题

19 世纪至 20 世纪,图论主要用于研究一些游戏问题和古老的难题,如哈密顿图及四色问题。1847 年,基尔霍夫首先用图论来分析电网络。如今在电工领域,图论被用于网络分析和综合、通信网络与开关网络的设计、集成电路布局及故障诊断、计算机结构设计及编译技术等领域。

2. 电路的拓扑图

对于一个电路图,如果用点表示其节点,用线段表示其支路,即可得到一个由点和线段组成的几何结构图,这个图被称为对应电路图的拓扑图,简称图,通常用符号 G 表示,如图 3-2 所示。所以电路的拓扑图是点、线的集合,它反映了对应的电路图中的支路数、节点数以及各支路与节点之间相互连接的信息。

如果为图中的每条支路都规定一个方向,该方向既可表示支路电流的参考方向,也可表示

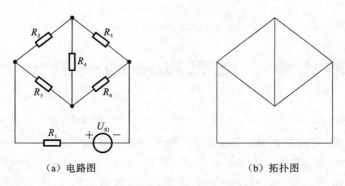

（a）电路图   （b）拓扑图

图 3-2　电路图和电路拓扑图

支路电压的参考极性（习惯上取电压电流的关联参考方向），这样的图称为有向图，如图 3-3 所示，否则称为无向图。

从图 G 的任意一点出发，沿着支路连续移动，直到到达另一个节点为止，那么这一系列支路便构成 G 的一条路径。如果 G 中任意两个节点之间至少有一条连通的路径，那么这样的图称为连通图，否则称为非连通图。其中，非连通图至少存在两个分离部分，如图 3-4 所示。

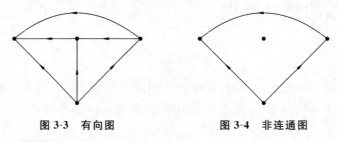

图 3-3　有向图　　　　　图 3-4　非连通图

如果图 G1 中所有的线段与点均是图 G 中的全部或部分线段与点，且线段与点的连接关系与图 G 中的一致，那么图 G1 称为图 G 的子图，图 3-5（b）、（c）、（d）、（e）均是图 3-5（a）的子图。

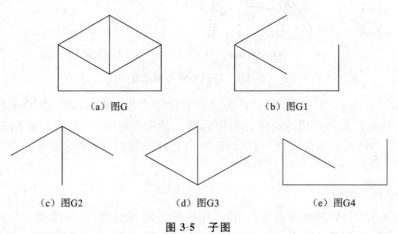

（a）图 G　　　　　　　　　　　（b）图 G1

（c）图 G2　　　　　　（d）图 G3　　　　　　（e）图 G4

图 3-5　子图

若一条路径的起点和终点一致，且形成一条闭合路径，那么该路径称为回路，如图 3-6 所示。

假如一个图的回路数目很多，若要确定一组独立回路以列写 KVL 方程，则应引入树的

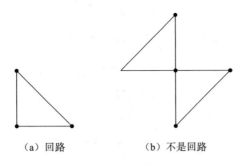

（a）回路　　　　　（b）不是回路

图 3-6　回路的辨别

概念。

树的定义：一个连通图的树包含该图的全部节点和部分支路，且是连通的，但不构成回路，用符号 T 表示，如图 3-7 所示。其中，图 3-7(a) 为电路的拓扑图，图 3-7(b)、(c) 为该图的树，图 3-7(d) 不是该图的树。

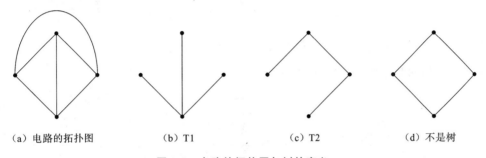

（a）电路的拓扑图　　　　（b）T1　　　　（c）T2　　　　（d）不是树

图 3-7　电路的拓扑图与树的定义

树中包含的支路称为该树的树枝，其他支路则称为该树的连支。如图 3-7(b)、(c) 所示，尽管组成各种树的树枝各不相同，但树枝的数目却是相同的。可以证明，具有 n 个节点、b 条支路的连通图，其任何树的树枝数都是 $n-1$，对应连支数为 $b-(n-1)$。

若在树上加一条连支，即在相应的两个节点之间增加一条路径，将形成一个回路。由于树是不包含回路的，故一个回路至少包含一条连支。只包含一条连支的回路称为基本回路，如图 3-8 所示。由于各基本回路间的连支各不相同，故它们是相互独立的回路。由上文可知，基本回路的个数和连支的数目相等，均为 $b-(n-1)$，且等于独立回路数（与网孔数相同）。

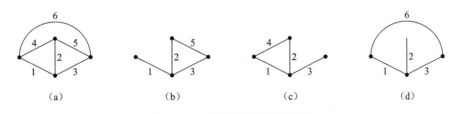

（a）　　　　　（b）　　　　　（c）　　　　　（d）

图 3-8　电路拓扑图及基本回路

例 3-1　图 3-9 所示的为某电路的拓扑图，画出三种可能的树及其对应的基本回路。

解　图中节点数 $n=5$，支路数 $b=8$，则树支数 $b_t=n-1=4$

基本回路数＝连支数＝$b-b_t=4$，根据定义选取其中的三种树，如图 3-10(a)、(b)、(c) 所示。

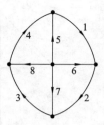

图 3-9　例 3-1 图

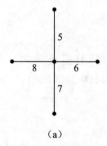

（a）

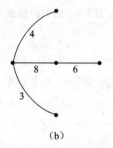

（b）

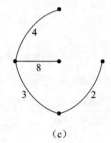

（c）

图 3-10　例 3-1 的三种树

对应三种树的基本回路如图 3-11 所示。

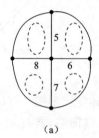

（a）

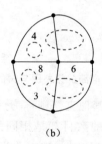

（b）

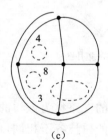

（c）

图 3-11　三种树对应的基本回路

3.2　KCL 和 KVL 的独立方程数

集总参数电路（模型）由电路元件连接而成，电路中各支路电流受 KCL 约束，各支路电压受 KVL 约束，这类约束只与电路元件的连接方式有关，与元件的特性无关，称为拓扑约束。同时集总参数电路（模型）的电压和电流还要受到元件特性的约束，这类约束只与元件的 VCR 有关，与元件的连接方式无关，称为元件约束。任何集总参数电路的电压和电流都必须同时满足这两类约束关系。根据电路的结构和参数，列出反映这两类约束关系的 KCL、KVL 和 VCR 方程（称为电路方程），然后求解该电路方程就能得到各电压和电流。

对于一个电路，到底需要列出多少个方程才能解出所有的电路变量呢？下面举例来说明。如图 3-12 所示，电路有 6 条支路，4 个节点。对于节点①、②、③、④分别列出 KCL 方程如下。

节点①：$\qquad\qquad i_1 - i_4 - i_6 = 0$

节点②：$\qquad\qquad -i_1 - i_2 + i_3 = 0$

节点③：$\qquad\qquad\qquad i_2+i_5+i_6=0$

节点④：$\qquad\qquad\qquad -i_3+i_4-i_5=0$

由于每个支路电流都流进一个节点，然后又流出该节点，所以每个支路电流在上述方程中都出现两次，一次为"+"，一次为"-"。若把以上四个方程相加，必然得到等号右边为零的结果。这说明上述 4 个方程是相互关联的，但是同时也可以验证其中的任意 3 个方程之间是相互独立的。可以证明，对于具有 n 个节点的电路，在任意 $(n-1)$ 个节点上列出的 KCL 方程是相互独立的。其中，相应的 $(n-1)$ 个节点称为独立节点。

若要求解出一个电路，除了列出 $(n-1)$ 个独立的 KCL 方程外，还需要多少个独立的 KVL 方程呢？可以证明，还需要列出 $(b-n+1)$ 个独立的 KVL 方程，其中 b 为该电路的支路数。习惯上我们把能列写出独立 KVL 方程的回路称为独立回路。独立回路可以这样选取，使所选各回路都包含一条其他回路所没有的新支路。对于具有 b 条支路、n 个节点的平面电路，其网孔数正好也为 $(b-n+1)$，所以根据各网孔列出的 KVL 方程组即为独立的 KVL 方程组。

如图 3-13 所示，选取一组独立回路 l_1、l_2、l_3。按照图 3-13 中各支路电流和电压的参考方向以及所选取的回路的绕行方向，可以列出独立的 KVL 方程组如下。

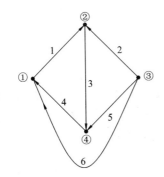
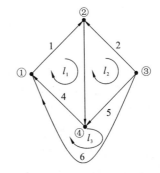

图 3-12　KCL 独立方程数示例图　　　　图 3-13　KVL 独立方程数示例图

回路 l_1：$\qquad\qquad\qquad u_1+u_3+u_4=0$

回路 l_2：$\qquad\qquad\qquad u_2+u_3-u_5=0$

回路 l_3：$\qquad\qquad\qquad u_4+u_5-u_6=0$

综上所述，对于具有 b 条支路、n 个节点的连通电路，可以列出 $(n-1)$ 个线性无关的 KCL 方程和 $(b-n+1)$ 个线性无关的 KVL 方程，共 b 个独立方程。再加上 b 条支路的 VCR 方程，得到以 b 个支路电压和 b 个支路电流为变量的电路方程（简称为 $2b$ 方程）。对这 $2b$ 个方程求解可以得到 b 个支路电压和 b 个支路电流，这种分析电路的方法称为 $2b$ 法。$2b$ 法是最原始的电路分析方法，也是分析电路的基本依据，但它的前提是电路中仅含独立电源和线性二端电阻。

3.3　支路电流法

用 $2b$ 法求解电路虽然在原理上比较通俗易懂，但总的方程数较多。为了减少方程数，可以将各支路电压用支路电流表示，这样方程总数就减少了 b 个，这种求解电路的方法称为支路电流法,简称支路法。下面以图 3-14 所示的电路为例,说明支路法的求解过程。

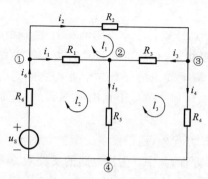

图 3-14　支路法用图

如图 3-14 所示电路中,电压源和电阻已知,共有 6 条支路,4 个节点,那么 KCL 独立方程数为 $n-1=3$,所以只需任取 3 个节点列写 KCL 方程。这里我们取节点①、②、③列写 KCL 方程。

节点①: $\qquad i_1+i_2-i_6=0$

节点②: $\qquad -i_1-i_3+i_5=0$

节点③: $\qquad -i_2+i_3+i_4=0$

由于独立回路数为 $b-n+1=3$,所以任意选取其中 3 条回路作为独立回路,比如图 3-14 中的 l_1、l_2、l_3,列写 KVL 方程(电阻的电流和电流取关联参考方向)。

回路 l_1: $\qquad R_2i_2+R_3i_3-R_1i_1=0$

回路 l_2: $\qquad R_1i_1+R_5i_5-u_S+R_6i_6=0$

回路 l_3: $\qquad -R_3i_3+R_4i_4-R_5i_5=0$

方程总数为 6 个,正好用于解 6 个未知量。

综上,用支路电流法分析电路的一般步骤如下。

(1) 对给定电路,选定各支路电流的参考方向。

(2) 列写 $n-1$ 个节点的 KCL 方程。

(3) 应用 KVL 和元件 VCR,建立以支路电流为未知变量的 $b-n+1$ 个独立回路方程(平面电路选每个网孔作为一组独立回路较简便)。

(4) 联立求解由(2)和(3)得到的方程组,解得各支路电流。

(5) 根据电路中其他电路变量与支路电流的关系求出所需解。

例 3-2　求图 3-15 所示电路中各支路电流及各电压源的功率。

解　对节点 a 列写 KCL 方程,得

$$-i_1-i_2-i_3=0$$

对两回路 l_1、l_2 列写 KVL 方程,得

$$7i_1-11i_2+6-70=0$$

$$-7i_3-6+11i_2=0$$

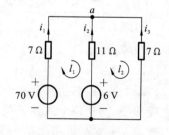

图 3-15　例 3-2 图

联立上述三个方程求得

$$i_1=6\ \text{A},\quad i_2=-2\ \text{A},\quad i_3=-4\ \text{A}$$

考虑到各电源上电压和流过该电源的电流的参考方向,可以求得各电压源产生的功率如下。

70 V 电压源和电流非关联,产生的功率为 $P_1=-ui=-70\times6\ \text{W}=-420\ \text{W}$,$P_1<0$,发出功率。

6 V 电压源和电流非关联,产生的功率为 $P_2=-ui=-6\times(-2)\ \text{W}=12\ \text{W}$,$P_2>0$,吸收功率。

例 3-3　电路如图 3-16 所示,列写支路电流方程(电路中含有受控源)。

解　图 3-16 所示电路中共有 2 个节点,独立节点数为 1 个,选取 a 为独立节点,列写 KCL 方程为

$$-i_1 - i_2 + i_3 = 0$$

对两回路 l_1、l_2 列写 KVL 方程,得

$$7i_1 - 11i_2 = 70 - 5U$$

$$7i_3 + 11i_2 = 5U$$

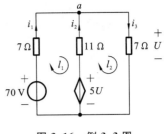

图 3-16 例 3-3 图

电路中共有四个未知变量 i_1、i_2、i_3、U,由电路图可知,U 为 7 Ω 电阻两端的电压,故

$$7i_3 = U$$

联立上述四个方程即可求出未知变量。

该题的电路中含有受控源支路,列写方程时先将受控源看作独立源列方程,再将控制量用未知量表示,并代入上述将受控源看作独立源列写的方程中,消去中间变量。

3.4 回路电流法

以基本回路中沿回路连续流动的假想电流为未知量,列写电路方程,分析电路的方法称为回路电流法。它适用于平面和非平面电路。当选择网孔作为独立回路时,回路电流法可称为网孔电流法。回路电流法的基本思想是假想每个回路中均有一个回路电流,且能自动满足 KCL,同时取回路电流的方向为绕行方向,各支路电流可用回路电流表示。对于一个具有 b 条支路,n 个节点的电路,由于有 $n-1$ 个独立节点约束着 b 条支路上的电流,所以独立的支路电流数只有 $b-n+1$ 个,等于独立回路电流数。也就是说,只需要选取 $b-n+1$ 个独立回路,列写回路电流方程就可以求解出所有的电路变量。具体列写回路电流方程的过程如下。

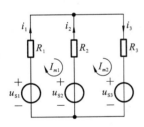

图 3-17 回路电流法用图

以图 3-17 所示电路为例,图中有 3 条支路,2 个节点,所以独立回路数为 $b-n+1=2$ 个,选取两个网孔作为独立回路,标出独立回路电流 I_{m1}、I_{m2} 的绕行方向,如图 3-17 所示。

当某支路只属于某一回路时,那么该支路电流与回路电流大小相等,如果某支路为两个回路所共有,则该支路电流等于流经该支路回路电流的代数和。由此可知,图 3-17 所示的电路中各支路电流为

$$i_1 = I_{m1}, \quad i_2 = I_{m2} - I_{m1}, \quad i_3 = I_{m2}$$

从上述各式可以看出回路电流自动满足 KCL,因为对每个相关节点而言,回路电流均流进一次,流出一次,所以采用回路电流法只需列写 KVL 方程。

由于独立回路数为 $b-n+1=2$ 个,所以方程数为 $b-n+1=2$ 个,比支路电流法少 $n-1$ 个,以回路电流方向为回路绕行方向列写 KVL 方程。

回路 $m1$: $\qquad R_1 I_{m1} - R_2(I_{m2} - I_{m1}) + u_{S2} - u_{S1} = 0$

回路 $m2$: $\qquad R_2(I_{m2} - I_{m1}) + R_3 I_{m2} + u_{S3} - u_{S2} = 0$

整理成关于回路电流 I_{m1}、I_{m2} 的方程组如下。

回路 $m1$: $\qquad (R_1 + R_2)I_{m1} - R_2 I_{m2} = u_{S1} - u_{S2}$

回路 $m2$: $\qquad -R_2 I_{m1} + (R_2 + R_3)I_{m2} = u_{S2} - u_{S3}$

回路 $m1$ 中 I_{m1} 前的系数 $R_1 + R_2$ 用 R_{11} 表示,I_{m2} 前的系数 $-R_2$ 用 R_{12} 表示,等式右边的

$u_{S1}-u_{S2}$ 用 u_{S11} 表示；回路 $m2$ 中 I_{m1} 前的系数 $-R_2$ 用 R_{21} 表示，I_{m2} 前的系数 R_2+R_3 用 R_{22} 表示，等式右边的 $u_{S2}-u_{S3}$ 用 u_{S22} 表示。写成一般形式如下

$$R_{11}I_{m1}+R_{12}I_{m2}=u_{S11}$$

$$R_{21}I_{m1}+R_{22}I_{m2}=u_{S22}$$

对于具有 l 个独立回路的电路，其回路电流方程的一般形式为

$$\begin{cases} R_{11}i_{l1}+R_{12}i_{l2}+L+R_{1l}i_{ll}=u_{Sl1} \\ R_{21}i_{l1}+R_{22}i_{l2}+L+R_{2l}i_{ll}=u_{Sl2} \\ \quad\quad\quad\quad\quad\quad\quad\vdots \\ R_{l1}i_{l1}+R_{l2}i_{l2}+L+R_{ll}i_{ll}=u_{Sll} \end{cases} \quad\quad (3\text{-}1)$$

式(3-1)中具有相同下标的电阻 R_{11}，R_{22}，$\cdots$，R_{ll} 是各独立回路的电阻之和，称为自电阻，简称自阻，记为 R_{ii}。其恒为正，如回路电流 I_{m1}、I_{m2} 的方程组中 $R_1+R_2=R_{11}$、$R_2+R_3=R_{22}$。式中具有不同下标的电阻 R_{12}，R_{23}，$\cdots$，R_{ik} 是各独立回路之间共有的电阻之和，称为互电阻，简称互阻，记为 R_{ik}（其中 $i\neq k$）。其可正可负，这取决于互阻上流过的两个回路电流的方向，如果两个回路电流的方向相同，则互阻取正，否则取负。显然 $R_{ik}=R_{ki}$，如回路电流 I_{m1}、I_{m2} 的方程组中 $-R_2=R_{12}=R_{21}$。等式右边的 u_{S11}，u_{S22}，$\cdots$，u_{Sll} 分别为各独立回路中的电压源的代数和，与回路电流方向一致的电压源前应取"－"号，否则取"＋"号，如回路电流 I_{m1}、I_{m2} 的方程组中 $u_{S1}-u_{S2}=u_{S11}$、$u_{S2}-u_{S3}=u_{S22}$。

如果电路中有电流源和电阻的并联组合，则可以等效变换为电压源和电阻的串联组合，然后再按步骤列写回路电流方程。

回路电流法的一般步骤可归纳如下。

（1）选定一组独立回路，并标出独立回路中的电流绕行方向，一般取回路的绕行方向与回路电流的方向一致，计算自阻和互阻。

（2）以回路电流为未知量，按照回路电流方程的一般形式列写方程。注意自阻恒为正，互阻的正负取决于互阻上流过的两个回路电流的参考方向，若两参考方向一致则取正，否则取负，同时也要注意等式右边相关的各电压源前面的"＋"号和"－"号。

（3）如果电路中含有受控源或无伴电流源，则需另行处理。

（4）求解方程，得到各回路电流，然后可以进行其他分析，如求功率等。

（5）特例：回路电流已知时，对该回路不需要按公式列方程（用已知回路电流代替即可）。

例 3-4 电路如图 3-18 所示，列写回路电流方程，并说明如何求解电流 i。图中的 u_S 和所有电阻已知。

解 选各网孔为独立回路，标出各独立回路电流 I_{m1}、I_{m2}、I_{m3} 的绕行方向，如图 3-18 所示，求出各独立回路的自阻和互阻如下

$$\begin{cases} R_{11}=R_6+R_1+R_4,R_{21}=-R_1,R_{31}=-R_4 \\ R_{12}=-R_1,R_{22}=R_1+R_2+R_5,R_{32}=-R_5 \\ R_{13}=-R_4,R_{23}=-R_5,R_{33}=R_3+R_4+R_5 \end{cases}$$

根据回路电流方程的一般形式可以列出该电路的回路电流方程为

$$\begin{cases} (R_6+R_1+R_4)I_{m1}-R_1I_{m2}-R_4I_{m3}=u_S \\ -R_1I_{m1}+(R_1+R_2+R_5)I_{m2}-R_5I_{m3}=0 \\ -R_4I_{m1}-R_5I_{m2}+(R_3+R_4+R_5)I_{m3}=0 \end{cases}$$

求解上述方程组可得各独立回路电流 I_{m1}、I_{m2}、I_{m3}，则电流 $i = I_{m2} - I_{m3}$。

例 3-5 电路如图 3-19 所示，求电路中的电流 i。

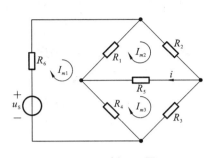

图 3-18 例 3-4 图

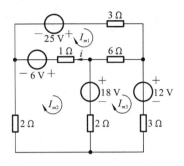

图 3-19 例 3-5 图

解 选各网孔为独立回路，标出各独立回路电流 I_{m1}、I_{m2}、I_{m3} 的绕行方向，如图 3-19 所示，根据回路电流方程的一般形式可以列出该电路的回路电流方程为

$$\begin{cases} (3+6+1)I_{m1} - I_{m2} - 6I_{m3} = (25-6) \text{ A} \\ -I_{m1} + (1+2+2)I_{m2} - 2I_{m3} = (18+6) \text{ A} \\ -6I_{m1} - 2I_{m2} + (2+3+6)I_{m3} = (-12+18) \text{ A} \end{cases}$$

求解上述方程组可得各独立回路电流 I_{m1}、I_{m2}、I_{m3}，则

$$I_{m1} = 3 \text{ A}, \quad I_{m2} = -1 \text{ A}, \quad I_{m3} = 2 \text{ A}$$

$$i = I_{m1} - I_{m2} = 4 \text{ A}$$

例 3-6 电路如图 3-20 所示，用回路电流法求图中电路的电流 i。

解 电路中含有一个无伴电流源，无法用等效变换法把它转换成电压源与电阻的串联形式，所以就无法使用常规的求解方法，但是可以根据电路的特点采用特殊的方法求解。

方法一：把电流源 i_S 两端的电压 u 作为附加变量，相当于把电流源 i_S 视为电压源 u。

仍然选取三个网孔为一组独立回路，标出各独立回路电流 I_{m1}、I_{m2}、I_{m3} 的绕行方向，如图 3-20 所示，求出各独立回路的自阻和互阻如下

$$\begin{cases} R_{11} = R_6 + R_1 + R_4, R_{21} = -R_1, R_{31} = -R_4 \\ R_{12} = -R_1, R_{22} = R_1 + R_2, R_{32} = 0 \\ R_{13} = -R_4, R_{23} = 0, R_{33} = R_3 + R_4 \end{cases}$$

根据回路电流方程的一般形式可以列出该电路的回路电流方程为

$$\begin{cases} (R_6 + R_1 + R_4)I_{m1} - R_1 I_{m2} - R_4 I_{m3} = u_S \\ -R_1 I_{m1} + (R_1 + R_2)I_{m2} = 0 \\ -R_4 I_{m1} + (R_3 + R_4)I_{m3} = 0 \end{cases}$$

将电流源的电流用回路电流表示，增补方程为

$$i_S = I_{m2} - I_{m3}$$

根据上述四个方程就可求解出 I_{m1}、I_{m2}、I_{m3} 和 u，则 $i = I_{m3}$。

方法二：选取独立回路，使理想电流源支路仅仅属于一个回路，该回路电流即为 i_S。

如图 3-21 所示，选取一组独立回路，使电流源 i_S 仅属于回路 2，由此列写的回路电流方程为

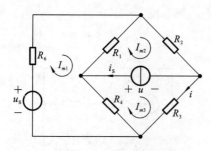

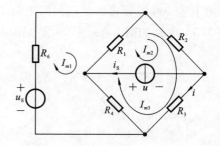

图 3-20 例 3-6 图   图 3-21 例 3-6 方法二用图

$$\begin{cases} (R_6+R_1+R_4)I_{m1}-R_1I_{m2}-(R_1+R_4)I_{m3}=u_S \\ I_{m2}=i_S \\ -(R_1+R_4)I_{m1}+(R_1+R_2)I_{m2}+(R_1+R_2+R_3+R_4)I_{m3}=0 \end{cases}$$

电流源 i_S 为已知量,所以实际的方程只有两个,相比方法一减少了一个方程,当然也就减少了运算量,求得此时的支路电流 $i=I_{m3}$。

例 3-7 电路如图 3-22 所示,用回路电流法求图中电路的电流 i。

解 对于含有受控电源支路的电路,可先把受控源看作独立电源,按常规方法列写方程,再将控制量用回路电流表示即可。

如图 3-22 所示,选取一组独立回路,列写回路电流方程为

$$\begin{cases} (R_6+R_1+R_4)I_{m1}-R_1I_{m2}-R_4I_{m3}=u_S \\ -R_1I_{m1}+(R_1+R_2)I_{m2}=5u \\ -R_4I_{m1}+(R_3+R_4)I_{m3}=-5u \end{cases}$$

增补方程为

$$u=R_3I_{m3}$$

根据上述四个方程可求解出 I_{m1}、I_{m2}、I_{m3},则 $i=I_{m3}$。

例 3-8 电路如图 3-23 所示,用回路电流法求图中电路的电压 u_4。

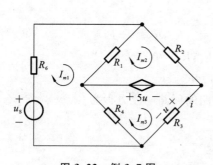

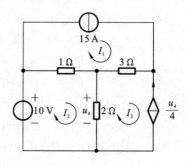

图 3-22 例 3-7 图   图 3-23 例 3-8 图

解 选取网孔为一组独立回路,标出各独立回路电流 I_1、I_2、I_3 的绕行方向,可以发现两个特例,回路 1 和回路 3 不需按公式列写方程,所以

$$\begin{cases} I_1=15 \\ -I_1+3I_2-2I_3=10 \\ I_3=-\dfrac{u_4}{4} \end{cases}$$

增补方程为

$$u_4 = 2 \times (I_2 - I_3)$$

解得 $\qquad I_1 = 15 \text{ A}, \quad I_2 = 5 \text{ A}, \quad I_3 = -5 \text{ A}$

$$u_4 = 2 \times (I_2 - I_3) = 20 \text{ V}$$

通过上述在不同情况下对回路电流法的使用和处理可知。

（1）大部分情况下选取网孔作为基本回路。

（2）当选取网孔作为基本回路时，若回路电流方向同取顺时针或逆时针，则互阻一定为负。

（3）若某电流源为两网孔所共有，则需另外选择基本回路，使该电流源只属于某一回路，从而简化计算。

（4）当选取非网孔作为独立回路时，互阻的识别难度将加大，需特别注意不要遗漏互阻。

（5）判断该回路是否需按公式列方程，对特例的使用至关重要。

3.5 节点电压法

节点电压法是以独立节点电压为未知量，根据 KCL 和元件的伏安特性列写方程来求解独立节点电压的一种方法。当一个电路的支路数较多而节点数较少时，采用节点电压法可以减少列写方程的个数，从而简化对电路的计算。只要求解出独立节点电压，就可以求解出各支路的其他参量。

在电路中任选一节点作为参考点，其余节点与参考点之间的电位差称为各节点的节点电压，其方向由独立节点指向参考节点。如果某一支路处在一个独立节点和参考节点之间，则该支路电压等于该节点电压；如果某一支路处在两个独立节点之间，则该支路电压为两个独立节点电压之差。

由上述概念可知，图 3-24 中共有 3 个节点，设节点③为参考点，节点①的节点电压为 u_{n1}，节点②的节点电压为 u_{n2}，则有

$$u_1 = u_{n1}, \quad u_2 = u_{n1} - u_{n2}, \quad u_3 = u_{n2}$$
$$-u_1 + u_2 + u_3 = 0$$

将各电阻电压用节点电压替代可知

$$-u_{n1} + u_{n1} - u_{n2} + u_{n2} = 0$$

所以用节点电压表示 KVL 方程，任意回路中的节点电压总会出现一次正号和一次负号，所以节点电压自动满足 KVL，只需列写 KCL 方程。

根据图 3-24 可知，除去参考节点外，剩下的 $n-1 = 2$ 个节点为独立节点，方程数为 $n-1 = 2$ 个，比支路电流法的方程数要少。

对节点①列写 KCL 方程得

$$i_1 + i_2 - i_{S1} - i_{S2} = 0$$

用节点电压表示为

$$\frac{u_{n1}}{R_1} + \frac{u_{n1} - u_{n2}}{R_2} = i_{S1} + i_{S2}$$

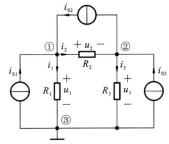

图 3-24 节点电压法用图

对节点②列写 KCL 方程得

$$i_3 + i_{S2} - i_2 - i_{S3} = 0$$

用节点电压表示为

$$\frac{u_{n2}}{R_3} - \frac{u_{n1} - u_{n2}}{R_2} = i_{S3} - i_{S2}$$

整理上述两个方程得

$$\begin{cases} \left(\dfrac{1}{R_1} + \dfrac{1}{R_2}\right) u_{n1} - \dfrac{1}{R_2} u_{n2} = i_{S1} + i_{S2} \\ -\dfrac{1}{R_2} u_{n1} + \left(\dfrac{1}{R_2} + \dfrac{1}{R_3}\right) u_{n2} = i_{S3} - i_{S2} \end{cases}$$

用电导表示为

$$\begin{cases} (G_1 + G_2) u_{n1} - G_2 u_{n2} = i_{S1} + i_{S2} \\ -G_2 u_{n1} + (G_2 + G_3) u_{n2} = i_{S3} - i_{S2} \end{cases}$$

为了方便理解节点电压法的要点,将上式改写为

$$\begin{cases} G_{11} u_{n1} + G_{12} u_{n2} = i_{S11} \\ G_{21} u_{n1} + G_{22} u_{n2} = i_{S22} \end{cases}$$

其中 G_{11} 和 G_{22} 分别是节点①和②的自导,自导总是正的,其等于与各节点相连的支路电导之和;$G_{12} = G_{21} = -G_2$ 是节点①和②之间的互导,互导总是负的,其等于连接两节点间支路电导的负值。$i_{S11} = i_{S1} + i_{S2}$,$i_{S22} = i_{S3} - i_{S2}$ 分别表示注入节点①和②的电流,注入电流等于流向节点的各电流源电流的代数和,流入取正,流出取负。

由以上分析过程可以推广到 n 个节点的情况,即

$$\begin{cases} G_{11} u_{n1} + G_{12} u_{n2} + \cdots + G_{1(n-1)} u_{(n-1)(n-1)} = i_{S11} \\ G_{21} u_{n1} + G_{22} u_{n2} + \cdots + G_{2(n-1)} u_{(n-1)(n-1)} = i_{S22} \\ \vdots \\ G_{(n-1)1} u_{n1} + G_{(n-2)2} u_{n2} + \cdots + G_{(n-1)(n-1)} u_{(n-1)(n-1)} = i_{S(n-1)(n-1)} \end{cases} \tag{3-2}$$

其中,G_{kk} 表示自电导,总为正,G_{jk} 表示互电导,总为负,注意互电导 G_{jk} 仅指一段连在 j 点,另一端连在 k 点的支路上的电导。

节点电压法的一般步骤如下。

(1) 选取参考节点,标定 $(n-1)$ 个独立节点,独立节点对参考节点之间的电位差就是节点电压,通常以参考节点为节点电压的低电位端。

(2) 对于 $(n-1)$ 个独立节点,以节点电压为未知量,列写 KCL 方程,即节点电压方程,列写方程时要注意自导和互导的正负,以及等式右边电流源的极性。

(3) 求解上述方程组,得到 $(n-1)$ 个独立节点的电压。

(4) 根据节点电压求解其他未知量,如各支路电流、某一元件释放或吸收的功率等。

(5) 当电路中有电压源或受控源时,另行处理。

(6) 特例:节点电压已知时,对该节点不需要按公式列方程(用已知节点电压代替即可)。

例 3-9 电路如图 3-25 所示,用节点电压法列出能够求解电流 I 的方程,电路中的 i_{S1} 和所有电导已知。

解 图 3-25 所示电路中共有 4 个节点,选取其中一个节点为参考点,其余节点分别用①、

②、③标识,各节点电压分别为 u_{n1},u_{n2},u_{n3}。

各节点的自电导和互电导为

$$G_{11}=G_1+G_2+G_6,G_{12}=-G_1,G_{13}=-G_6$$
$$G_{21}=-G_1,G_{22}=G_1+G_4+G_5,G_{23}=-G_4$$
$$G_{31}=-G_6,G_{32}=-G_4,G_{33}=G_3+G_4+G_6$$

列写各节点的节点电压方程为

$$\begin{cases} (G_1+G_2+G_6)u_{n1}-G_1u_{n2}-G_6u_{n3}=i_{S1} \\ -G_1u_{n1}+(G_1+G_4+G_5)u_{n2}-G_4u_{n3}=0 \\ -G_6u_{n1}-G_4u_{n2}+(G_3+G_4+G_6)u_{n3}=-i_{S1} \end{cases}$$

解上述方程可得 u_{n1},u_{n2} 和 u_{n3},则电流量 $I=(u_{n1}-u_{n2})G_1$。

例 3-10 电路如图 3-26 所示,请列写出能够求解出电流 I 的方程。

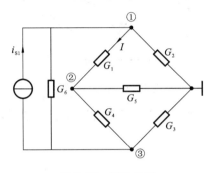

图 3-25 例 3-9 图

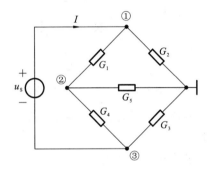

图 3-26 例 3-10 图

解 图 3-26 所示电路中含有一个无伴电压源,在这种情况下无法用等效电源法来处理,但是针对电路的这个特点也有相应的处理方法。

方法一:把电压源视为电流源,电流源大小即为 I。

图 3-26 所示电路中共有 4 个节点,选取其中一个节点为参考点,其余节点分别用①、②、③标识,各节点电压分别为 u_{n1},u_{n2},u_{n3}。

各节点的自电导和互电导为

$$G_{11}=G_1+G_2,G_{12}=-G_1,G_{13}=0$$
$$G_{21}=-G_1,G_{22}=G_1+G_4+G_5,G_{23}=-G_4$$
$$G_{31}=0,G_{32}=-G_4,G_{33}=G_3+G_4$$

列写各节点的节点电压方程为

$$\begin{cases} (G_1+G_2)u_{n1}-G_1u_{n2}=I \\ -G_1u_{n1}+(G_1+G_4+G_5)u_{n2}-G_4u_{n3}=0 \\ -G_4u_{n2}+(G_3+G_4)u_{n3}=-I \end{cases}$$

将电压源的电压用节点电压表示,增补方程为

$$u_S=u_{n1}-u_{n2}$$

根据上述方程即可求解出电流源电流 I。

方法二:巧选参考点(使其变为特例)。

选取无伴电压源的一端为参考节点,则另一端到参考节点之间的电位差即为节点电压,正

好等于无伴电压源的电压,如图 3-27 所示。

列写节点电压方程为

$$\begin{cases} u_{n1} = u_S \\ -G_1 u_{n1} + (G_1 + G_4 + G_5) u_{n2} - G_5 u_{n3} = 0 \\ -G_2 u_{n1} - G_5 u_{n2} + (G_2 + G_3 + G_5) u_{n3} = 0 \end{cases}$$

根据方程即可求解出各节点电压,然后得出电流源电流 I。

例 3-11 电路如图 3-28 所示,求电路中的电流 I。

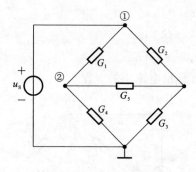

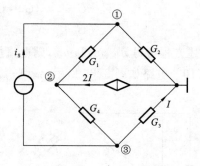

图 3-27 例 3-10 方法二图   图 3-28 例 3-11 图

解 电路中含受控源,可将受控源当作独立源来列写方程,将控制量用节点电压表示,来增补方程。

列写节点电压方程为

$$\begin{cases} (G_1 + G_2) u_{n1} - G_1 u_{n2} = i_S \\ -G_1 u_{n1} + (G_1 + G_4) u_{n2} - G_4 u_{n3} = 2I \\ -G_4 u_{n2} + (G_3 + G_4) u_{n3} = -i_S \end{cases}$$

增补方程为

$$I = u_{n3} G_3$$

根据方程即可求解出电流 I。

例 3-12 电路如图 3-29 所示,求电路中的电压 u_1 和 u_2。

解 图 3-29 所示电路中共有 4 个节点,选取无伴电压源的一端作为参考节点,其余节点分别用①、②、③标识,各节点电压分别为 u_{n1},u_{n2},u_{n3}。

则对节点①和节点③不需按公式列方程,可得:

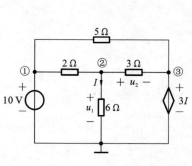

图 3-29 例 3-12 图

$$\begin{cases} u_{n1} = 10 \text{ V} \\ -\dfrac{1}{2} u_{n1} + \left(\dfrac{1}{2} + \dfrac{1}{6} + \dfrac{1}{3} \right) u_{n2} - \dfrac{1}{3} u_{n3} = 0 \\ u_{n3} = 3I \end{cases}$$

增补方程为

$$I = \frac{u_{n2}}{6}$$

解得

$$u_{n2} = 6 \text{ V}, \quad u_{n3} = 3 \text{ V}$$

$$u_1 = u_{n2} = 6 \text{ V}$$

习 题 3

3-1 如题 3-1 图所示电路中,已知 $U_{S1}=130$ V, $U_{S2}=117$ V, $R_1=1$ Ω, $R_2=0.6$ Ω, $R_3=24$ Ω,求各支路电流。

3-2 用支路电流法求题 3-2 图中各支路的电流。

3-3 用支路电流法求题 3-3 图中各支路电流,并计算各元件吸收的功率。

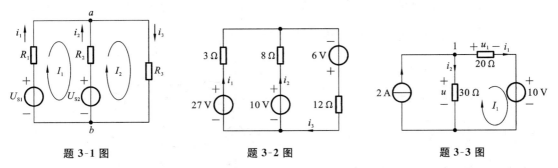

题 3-1 图　　　　　　　题 3-2 图　　　　　　　题 3-3 图

3-4 电路如题 3-4 图所示,求电流 i,并求 $2i$ 受控电压源吸收的功率。

3-5 列出如题 3-5 图所示电路中的节点电压方程。

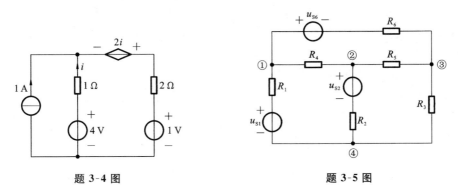

题 3-4 图　　　　　　　　　　　　题 3-5 图

3-6 如题 3-6 图所示电路中,用节点电压法求各节点电压。

3-7 如题 3-7 图所示电路中,用节点电压法求各支路电流。

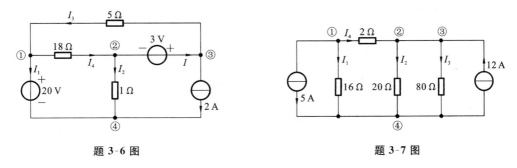

题 3-6 图　　　　　　　　　　　　题 3-7 图

3-8 如题 3-8 图所示电路中,求电路的节点电压 u_1 和 u_2。

3-9 用节点电压法求题 3-9 图中的电压 U。

3-10 用节点电压法求题 3-10 图中的 U_1 和 I。

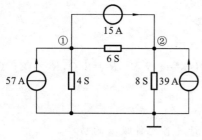

题 3-8 图

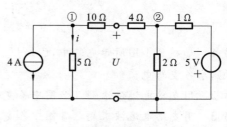

题 3-9 图

3-11 电路如题 3-11 图所示,用节点电压法求电流 i_x。

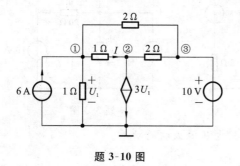

题 3-10 图

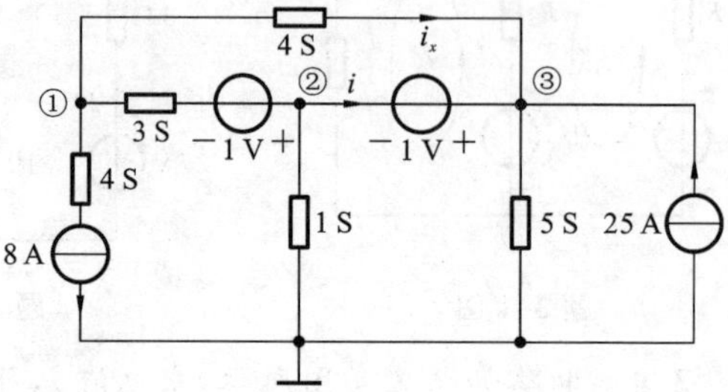

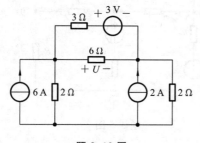

题 3-11 图

3-12 用节点电压法求题 3-12 图中的电压 U。

3-13 电路如题 3-13 图所示,用回路电流法求电流 I。

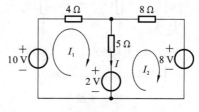

题 3-12 图

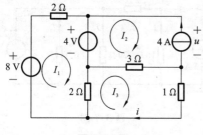

题 3-13 图

3-14 用回路电流法求题 3-14 图中的 i 和 u。

3-15 用回路电流法求题 3-15 图中的电压 U。

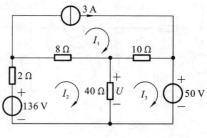

题 3-14 图

题 3-15 图

3-16 用回路电流法求题 3-16 图中的 u_x。

3-17 用回路电流法求题 3-17 图中的 i。

3-18 若把流过同一条电流的分支路作为支路,画出如题 3-16 图、题 3-17 图所示电路的拓扑图。

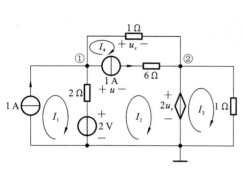

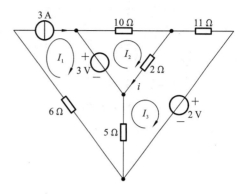

题 3-16 图

题 3-17 图

3-19 为如题 3-19 图所示拓扑图分别选出三个不同的树,并确定相应的基本回路。

3-20 求题 3-20 图中的电压 U 和电流 i。

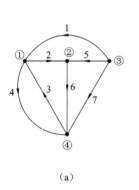

(a)   (b)

题 3-19 图

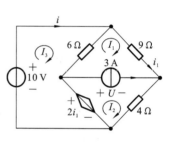

题 3-20 图

3-21 求题 3-21 图中的电压 u_x。

3-22 求题 3-22 图中的电流 i。

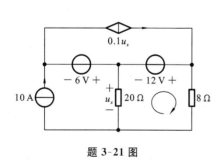

题 3-21 图

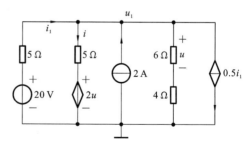

题 3-22 图

3-23 电路如题 3-23 图所示,求电流 I_1、I_2 和电压 U。

3-24 用任意方法求题 3-24 图中的电压 U。

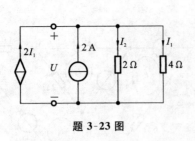

题 3-23 图

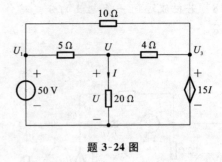

题 3-24 图

第4章　电　路　定　理

本章将讲述电路分析的重要定理:叠加定理与齐次定理、替代定理、戴维南定理与诺顿定理。这些定理在电路理论的研究和分析计算中起着十分重要的作用。本章是以电阻网络为对象来讨论这几个定理,但它们的适用范围并不局限于这种网络。

4.1　叠加定理与齐次定理

由独立源和线性元件组成的电路称为线性电路。线性电路的激励和响应之间满足可加性和比例性两个性质,通过叠加定理和齐次定理体现出来。

4.1.1　叠加定理

在线性电路中,任何一个支路中的电流(或电压)等于各电源单独作用时,在此支路中产生的电流(或电压)的代数和。

下面以图 4-1 所示的电路为例来说明电路的叠加定理。

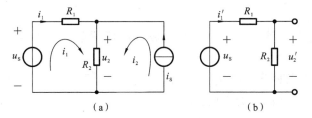

(a)　　　　　　　(b)　　　　　　　(c)

图 4-1　叠加定理说明图

该电路的网孔方程为

$$\begin{cases} (R_1+R_2)i_1+R_2i_2=u_S \\ i_2=i_S \end{cases}$$

求解上式可得到电阻 R_1 的电流 i_1

$$i_1=\frac{1}{R_1+R_2}u_S+\frac{-R_2}{R_1+R_2}i_S=i_1'+i_1'' \tag{4-1}$$

其中

$$i_1'=i_1\big|_{i_S=0}=\frac{1}{R_1+R_2}u_S$$

$$i_1''=i_1\big|_{u_S=0}=\frac{-R_2}{R_1+R_2}i_S$$

电阻 R_2 上电压 u_2 为

$$u_2 = \frac{R_2}{R_1 + R_2} u_S + \frac{R_1 R_2}{R_1 + R_2} i_S = u'_2 + u''_2 \qquad (4\text{-}2)$$

其中

$$u'_2 = u_2 \mid_{i_S = 0} = \frac{R_2}{R_1 + R_2} u_S$$

$$u''_2 = u_2 \mid_{u_S = 0} = \frac{R_1 R_2}{R_1 + R_2} i_S$$

由式(4-1)、式(4-2)可见,响应电流 i_1、响应电压 u_2 均为激励 u_S 与 i_S 的线性组合函数,如 i_1 由两个分量组成。其中一个分量 $\frac{1}{R_1 + R_2} u_S$ 只与 u_S 有关,另一个分量 $\frac{-R_2}{R_1 + R_2} i_S$ 只与 i_S 有关。当电路中只有电压源 u_S 单独作用时,电流源置零(令 $i_S = 0$),即将电流源 i_S 开路,如图 4-1(b)所示。此时有

$$i'_1 = \frac{1}{R_1 + R_2} u_S \qquad (4\text{-}3)$$

当电路中只有电压源 i_S 单独作用时,电压源置零(令 $u_S = 0$),即将电压源 u_S 短路,如图 4-1(c)所示。此时有

$$i''_1 = \frac{-R_2}{R_1 + R_2} i_S \qquad (4\text{-}4)$$

由式(4-3)、式(4-4)得

$$i_1 = \frac{1}{R_1 + R_2} u_S + \frac{-R_2}{R_1 + R_2} i_S = i'_1 + i''_1 \qquad (4\text{-}5)$$

从上可见:电流 i_1 和电压 u_2 均由两项叠加而成。

第一项 i'_1 和 u'_1 是该电路在电流源开路($i_S = 0$)时,由独立电压源单独作用所产生的 i_1 和 u_2。

第二项 i''_1 和 u''_1 是该电路在电压源短路($u_S = 0$)时,由独立电流源单独作用所产生的 i_1 和 u_2。

以上叙述表明,由两个独立电源共同产生的响应,等于每个独立电源单独作用所产生的响应之和。这是线性电路在多于一个独立源时的表现,称为叠加性。

应用叠加定理时应注意以下几点。

(1)叠加定理只适用于线性电路,不适用于非线性电路。

(2)当一个独立电源单独作用时,其他独立电源应为零,即独立电压源短路,独立电流源开路。

(3)叠加定理不适用于计算功率,即电路的功率不等于各支路计算的功率之和,功率应在原电路中计算,以电阻 R_1 消耗的功率为例,有

$$p_1 = i_1^2 R_1 = (i'_1 + i''_1)^2 R_1 \neq i'^2_1 R_1 + i''^2_1 R_1$$

(4)叠加时必须注意电压、电流是代数量的叠加,当支路计算的响应与原电路的响应的参考方向或参考极性一致时,叠加时取"+"号,反之取"-"号。

(5)对于含受控源的电路,当独立源单独作用时,所有的受控源均应保留,因为受控源不是激励源,且具有电阻性。

例 4-1 如图 4-2(a)所示电路中,已知 $u_S = 12 \text{ V}, i_S = 6 \text{ A}$,试用叠加定理求电路中的电流 i。

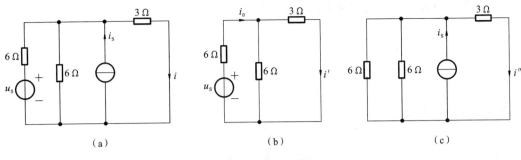

图 4-2　例 4-1 图

解　求解此类电路,应用叠加定理可使计算简便。

当 12 V 电压源单独作用时,6 A 电流源应为开路,如图 4-2(b)所示,于是有

$$i_0 = \frac{12}{6 + \dfrac{6 \times 3}{6 + 3}} \text{ A} = 1.5 \text{ A}$$

故

$$i' = 1.5 \times \frac{6}{6 + 3} \text{ A} = 1 \text{ A}$$

当 6 A 电流源单独作用时,12 V 电压源应为短路,如图 4-2(c)所示,由分流公式可得

$$i'' = 6 \times \frac{\dfrac{1}{3}}{\dfrac{1}{3} + \dfrac{1}{6} + \dfrac{1}{6}} \text{ A} = 3 \text{ A}$$

根据叠加定理,可得电压源 u_s 和电流源 i_s 共同作用下的响应为
$$i = i' + i'' = 4 \text{ A}$$

例 4-2　电路如图 4-3(a)所示,试用叠加定理求电压 u 和电流 i 以及 2 Ω 电阻消耗的功率。

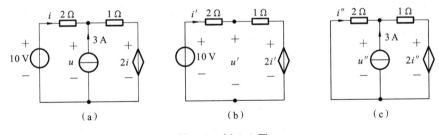

图 4-3　例 4-2 图

解　该电路中含有受控源,对于含受控源的电路,当独立源单独作用时,所有的受控源均应保留,因为受控源不是激励源,且具有电阻性。

10 V 电压源单独作用时的电路如图 4-3(b)所示,于是有
$$(2+1)i' + 2i' - 10 = 0$$

故

$$i' = 2 \text{ A}$$
$$u' = 1 \times i' + 2i' = 6 \text{ V}$$

3 A 电流源单独作用时的电路如图 4-3(c)所示,于是有
$$1\times(i''+3)+2i''+2i''=0$$
故
$$i''=-0.6 \text{ A}$$
$$u''=-2i''=1.2 \text{ V}$$

根据叠加定理可得
$$i=i'+i''=1.4 \text{ A}$$
$$u=u'+u''=7.2 \text{ V}$$

则 2Ω 电阻消耗的功率为
$$p=i^2R=1.4^2\times2 \text{ W}=3.92 \text{ W}$$

例 4-3 如图 4-4 所示,N_0 为内部结构未知的线性无源网络。已知 $u_S=10 \text{ V}$,$i_S=10 \text{ A}$ 时,$u_2=0 \text{ V}$;$u_S=20 \text{ V}$,$i_S=0 \text{ A}$ 时,$u_2=2 \text{ V}$。求 $u_S=15 \text{ V}$,$i_S=10 \text{ A}$ 时的电压 u_2。

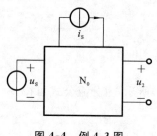

图 4-4 例 4-3 图

解 根据叠加定理,u_2 应是 u_S 和 i_S 的线性组合函数,即
$$u_2=k_1u_S+k_2i_S$$
式中:k_1,k_2 为常数。将已知数据代入上式有
$$\begin{cases}0=k_1\times1+k_2\times1 \\ 1=k_1\times10+k_2\times0\end{cases}$$
联立求解得 $k_1=0.1$,$k_2=-0.1$,故得
$$u_2=0.1u_S-0.1i_S$$
将已知数据代入上式即得
$$u_2=(0.1\times15-0.1\times10) \text{ V}=0.5 \text{ V}$$

推广到一般情况,如果有 n 个电压源,m 个电流源作用于线性电路,那么电路中某条支路的电流 i 可以表示为
$$i=k_1u_{S1}+k_2u_{S2}+\cdots+k_nu_{Sn}+k_{n+1}i_{S1}+k_{n+2}i_{S2}+\cdots+k_{n+m}i_{Sm} \quad (4\text{-}6)$$
其中,系数 k_i 取决于电路的结构与参数,与激励源无关。若电路中的电阻均为线性且非时变的,则系数 k_i 为常数。电路中各支路的电压具有与式(4-6)形式相同的表达式。

4.1.2 齐次定理

线性电路中,当所有的激励(独立源)都同时增大 k 倍或缩小为原来的 k 分之一时,其响应(电压或电流)也将相应增大 k 倍或缩小为原来的 k 分之一;当激励只有一个时,则响应与激励成正比。这就是线性电路的齐次定理,也称线性电路的齐次性,可以从叠加定理推得。

由式(4-6)可知,叠加定理实际包含了线性电路的两个基本性质,即叠加性和齐次性。所谓叠加性是指电路中有多个激励同时作用时,任意一条支路的电压或电流等于每个激励单独作用时在该处产生的电压或电流的代数和。而齐次性是指,当所有激励都增大 k 倍或缩小为原来的 k 分之一时,各支路的电压或电流也同时增大 k 倍或缩小为原来的 k 分之一;如果只是其中一个激励增大 k 倍或缩小为原来的 k 分之一,则由它产生的电压分量或电流分量也增大 k 倍或缩小为原来的 k 分之一。

例 4-4 图 4-5 所示的梯形电路中,已知 $u_S=10 \text{ V}$,求输出电压 u_0。

解 先假设 $u'_0 = 1$ V,则

$$i'_0 = 1 \text{ A}, \quad u'_1 = 1 \times (1+1) \text{ V} = 2 \text{ V}$$
$$i'_1 = 2 \text{ A}, \quad i'_2 = i'_1 + i'_0 = 3 \text{ A}$$
$$u'_3 = i'_2 \times 1 + u'_1 = 5 \text{ V}, \quad i'_3 = 5 \text{ A}$$
$$i' = i'_2 + i'_3 = 8 \text{ A}$$
$$u'_s = i' \times 1 + u'_3 = 13 \text{ V}$$

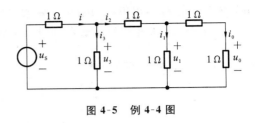

图 4-5 例 4-4 图

输出和输入之比为

$$k = u'_0 / u'_s = \frac{1}{13}$$

当 $u_s = 10$ V 时,根据齐次定理,$u_0 = k u_s = \dfrac{10}{13}$ V ≈ 0.77 V,实际各支路电流如表 4-1 所示。

表 4-1 电流电压假设值与实际值

电流电压值	i/A	i_3/A	i_2/A	i_1/A	i_0/A	u_s/V
假设值	8	5	3	2	1	13
实际值	$\dfrac{80}{13}$	$\dfrac{50}{13}$	$\dfrac{30}{13}$	$\dfrac{20}{13}$	$\dfrac{10}{13}$	10

4.2 输入电阻

电路或网络的一个端口是它向外引出的一对端子,这对端子可以与外部电源或其他电路相连接,而且对于一个端口来说,从一个端子流入的电流一定等于从另一个端子流出的电流。这种具有向外引出一对端子的电路或网络称为单口网络或二端网络。图 4-6(a)所示的为一个单口网络的图形表示。

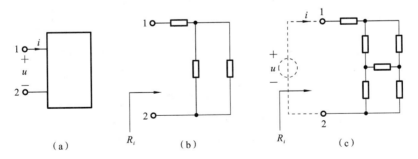

图 4-6 单口网络的图形表示

单口网络的输入电阻 $R_i = \dfrac{u}{i}$。

对于一个内部只含有电阻的单口网络,则应用电阻串、并联和 Y-△ 变换等方法可求得等效电阻,该单口网络的输入电阻即为单口网络的等效电阻。如图 4-6(b)所示,输入电阻可通过电阻的串、并联化简求得。如图 4-6(c)所示的单口网络,应用 Y-△ 变换可计算出等效电阻,也可通过在端口外施电压源 u,求单口网络端口处的电流 i,此为外施电压源法。当然,也可在

端口外施电流源 i,求单口网络端口处的电压 u,此为外施电流源法。

例 4-5 求如图 4-7(a)所示的单口网络的输入电阻。

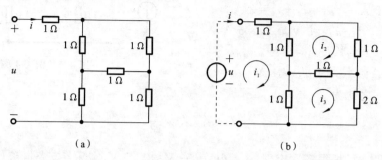

(a)   (b)

图 4-7 例 4-5 图

解 外施电压源 u,如图 4-7(b)所示。

选定网孔电流为 i_1、i_2 和 i_3,并且都为顺时针方向。则有

$$\begin{cases} 3i_1 - i_2 - i_3 = u \\ -i_1 + 3i_2 - i_3 = 0 \\ -i_1 - i_2 + 4i_3 = 0 \end{cases}$$

$$i_1 = \frac{11}{24}u$$

$$i = i_1$$

则 $u = \dfrac{24}{11}i$,可得输入电阻 $R_i = \dfrac{u}{i} = \dfrac{24}{11}$ Ω。

例 4-6 求如图 4-8(a)所示的单口网络的输入电阻。

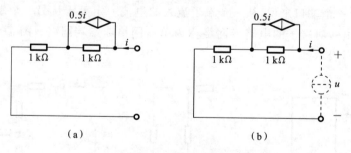

(a)   (b)

图 4-8 例 4-6 图

解 外施电流源 i,如图 4-8(b)所示。则

$$u = (i - 0.5i) \times 1000 + 1000i = 1500i$$

$$R_i = \frac{u}{i} = 1500 \text{ Ω}$$

4.3 替代定理

替代定理又称为置换定理,定理内容为:一个具有唯一解的电路,如某一支路的端电压 u

和电流 i 已知,则不管该支路原来是什么元件,总可以将该支路用一个电压为 u 的理想电压源或电流为 i 的理想电流源替代,且替代前后电路中各支路电压和电流保持不变。

如图 4-9(a)所示的电路,设已知某一支路的电压为 u,电流为 i。现对该支路作如下两种替代。

(1)用一个电压等于 u 的理想电压源替代,如图 4-9(b)所示,替代并未改变该支路电压的大小和极性,由于流过电压源的电流只与外电路有关,且 ab 端口以左的单口网络 N 的电路结构未发生改变,则 $i'=i$,故该支路可用一个电压为 u 的理想电压源替代。

(2)用一个电流等于 i 的理想电流源替代,如图 4-9(c)所示,替代并未改变该支路电流的大小和方向,由于电流源的端电压只与外电路有关,且 ab 端口以左的单口网络 N 的电路结构未发生改变,则 $u'=u$,故该支路可用一个电流为 i 的理想电流源替代。

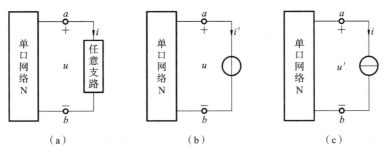

图 4-9 替代定理

应用替代定理时应注意以下几点。

(1)替代定理适用于任意集总参数电路。

(2)替代与等效是两个不同的概念,替代是用理想电压源或理想电流源替代已知电压或电流的支路,且替代前后替代支路以外的电路拓扑结构和元件参数不能改变,若电路结构、参数发生变化,则替代支路的电压、电流也将发生变化,而等效变换则是两个具有相同端口伏安关系的单口网络之间的相互转换,与外电路的结构参数无关。

(3)被替代的支路与其他支路间不应存在耦合关系,如被替代的支路不能是受控源的控制支路。

图 4-10 中的两个电路 N_1 与 N_2 可以互相替代,但 N_1 与 N_2 这两个电路对外电路来说,却不等效,因为理想电压源与理想电流源的外特性(即 u 与 i 的关系曲线)从根本上来说是不同的。

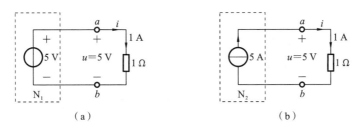

图 4-10 N_1 和 N_2 可互相替代但不等

例 4-7 如图 4-11(a)所示电路中,已知 $U=3$ V,求 U_1 和 I。

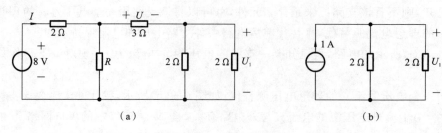

图 4-11 例 4-7 图

解 根据替代定理,可将 3 Ω 电阻连同左边网络用 $\frac{3}{3}$ A=1 A 的电流源置换,置换后电路如图 4-11(b)所示,则

$$U_1=[(2/\!/2)\times 1]\ V=1\ V$$

再回到如图 4-11(a)所示的电路中,可得

$$2I+U+U_1-8=0$$

$$I=(8-U-U_1)/2\ A=2\ A$$

例 4-8 如图 4-12(a)所示电路中,$g=2$ S。试求电流 I。

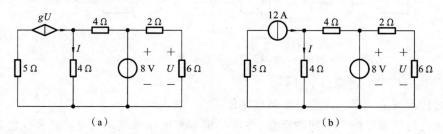

图 4-12 例 4-8 图

解 先用分压公式求受控源控制变量 U,即

$$U=\frac{6}{2+6}\times 8\ V=6\ V$$

用电流为 $gU=12$ A 的电流源替代受控电流源,得到如图 4-12(b)所示的电路,该电路不含受控电源,可以用叠加定理求得电流为

$$I=\left(\frac{4}{4+4}\times 12+\frac{8}{4+4}\right)\ A=7\ A$$

例 4-9 试求图 4-13(a)所示的电路在 $I=2$ A 时,20 V 电压源发出的功率。

解 用 2 A 电流源替代如图 4-13(a)所示的电路中的电阻 R_x 和单口网络 N_2,得到如图 4-13(b)所示的电路。

列出网孔方程为

$$4\ \Omega\times I_1-2\ \Omega\times 2\ A=-20\ V$$

解得

$$I_1=-4\ A$$

20 V 电压源发出的功率为

$$P=-20\times(-4)\ W=80\ W$$

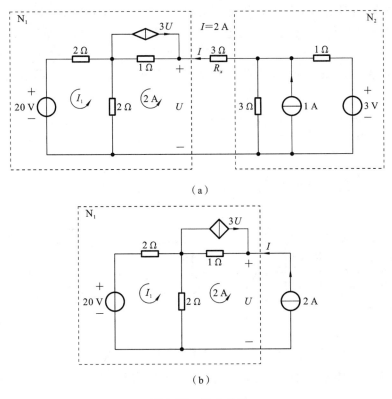

图 4-13　例 4-9 图

4.4　戴维南定理与诺顿定理

在实际应用中,常常碰到只需要计算某一支路的电压、电流或功率的问题。对于所计算的支路来说,该支路以外的其他部分就是一个含源单口网络,可将其等效变换成较为简单的含源支路,即可以用一个电压源和一个电阻串联代替(戴维南定理),或者用一个电流源和一个电阻并联代替(诺顿定理)。

单口网络中若含有电源,则称为含源单口网络,用字母 N 表示,否则称为无源单口网络,用字母 N_0 表示。下面介绍这两个定理的具体概念和应用。

4.4.1　戴维南定理

含独立电源的线性电阻单口网络 N,就端口特性而言,可以等效为一个电压源和电阻串联的单口网络(见图 4-14(e))。电压源的电压等于单口网络在负载开路时的电压 u_{oc};电阻 R_0 是单口网络内全部独立电源为零值时所得单口网络 N_0 的等效电阻(见图 4-14(c))。定理证明如下。

根据替代定理,可将单口网络 M 用大小为 i 的理想电流源替代,如图 4-14(b)所示。由叠加定理可知端口电压 u 等于含源单口网络 N 中所有独立源同时作用时所产生的电压分量 u'

与电流源 i 单独作用时所产生的电压分量 u'' 之和，即 $u=u'+u''$，如图 4-14(c)所示。其中，u' $=u_{oc}$，u_{oc} 为含源单口网络 N 的端口开路电压；$u''=-R_0 i$，R_0 即为无源单口网络 N_0 中的输入电阻。于是有：$u=u'+u''=u_{oc}-R_0 i$，如图 4-14(d)所示。在保持端口电压 u 与端口电流 i 的关系(即外特性)不变的条件下，该线性含源单口网络 N 可用一个电压源和内电阻 R_0 等效替代。

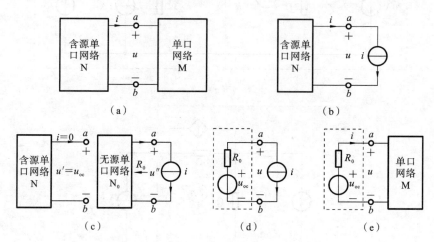

图 4-14 戴维南定理证明图

若线性含源单口网络的端口电压 u 和电流 i 为非关联参考方向，则其 VCR 可表示为

$$u=u_{oc}-R_0 i \tag{4-7}$$

例 4-10 求如图 4-15(a)所示的单口网络的戴维南等效电路。

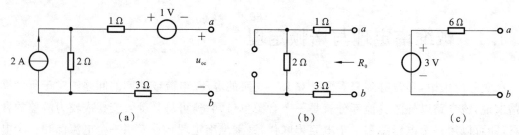

图 4-15 例 4-10 图

解 据戴维南定理，该有源二端网络可等效为电压源 u_{oc} 与电阻 R_0 的串联组合。

(1)求开路电压 u_{oc}。

在单口网络的端口上标明开路电压 u_{oc} 的参考方向，由于端口处电流为 0 A，则

$$u_{oc}=(-1+2\times2) \text{ V}=3 \text{ V}$$

(2)求等效电阻 R_0。

将单口网络内 1 V 电压源用短路代替，2 A 电流源用开路代替，得到如图 4-15(b)所示电路，由此求得

$$R_0=(1+2+3) \ \Omega=6 \ \Omega$$

(3)作戴维南等效电路。

根据 u_{oc} 的参考方向，即可画出戴维南等效电路，如图 4-15(c)所示。

例 4-11 试求图 4-16(a)中 12 kΩ 电阻的电流 i。

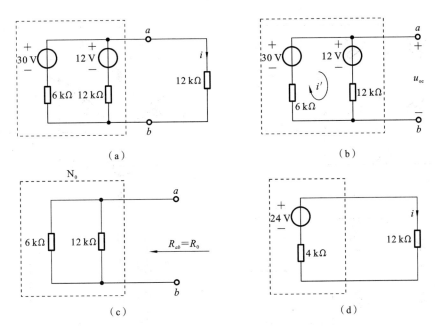

图 4-16 例 4-11 图

解 据戴维南定理,除 12 kΩ 电阻以外的部分可等效为电压源 u_{oc} 与电阻 R_0 的串联组合。

(1) 断开 12 kΩ 电阻所在支路,得到如图 4-16(b)所示的电路,求开路电压 u_{oc}。

$$i' = \frac{30-12}{6+12} \text{ mA} = 1 \text{ mA}$$

$$u_{oc} = 24 \text{ V}$$

(2) 求等效电阻 R_0。

将单口网络内 30 V 电压源和 12 V 电压源均用短路代替得到如图 4-16(c)所示的电路,由此求得

$$R_0 = R_{ab} = 6 /\!/ 12 \text{ kΩ} = 4 \text{ kΩ}$$

(3) 作戴维南等效电路。

根据 u_{oc} 的参考方向,即可画出戴维南等效电路,如图 4-16(d)所示,解得

$$i = \frac{24}{4+12} \text{ mA} = 1.5 \text{ mA}$$

例 4-12 已知 $R_1 = 5 \text{ Ω}$、$R_2 = 5 \text{ Ω}$、$R_3 = 10 \text{ Ω}$、$R_4 = 5 \text{ Ω}$、$u_S = 12 \text{ V}$、$R_L = 10 \text{ Ω}$。试用戴维南定理求图 4-17(a)所示的 R_L 的电流 i。

解 据戴维南定理,R_L 电阻以外的部分可等效为电压源 u_{oc} 与电阻 R_0 的串联组合。

(1) 断开 R_L 得到如图 4-17(b)所示的电路,求开路电压 u_{oc}。

$$u_{oc} = u_{ab} = u_{ac} + u_{cb} = \frac{-R_1}{R_1+R_2}u_S + \frac{R_3}{R_3+R_4}u_S = \frac{u_S(R_2R_3 - R_1R_4)}{(R_1+R_2)(R_3+R_4)}$$

代入数据可得 $u_{oc} = 2 \text{ V}$。

(2) 求等效电阻 R_0。

将电压源短路,得到如图 4-17(c)所示的电路,从 a、b 看进去,R_1 和 R_2 并联,R_3 和 R_4 并联,然后再串联。所以

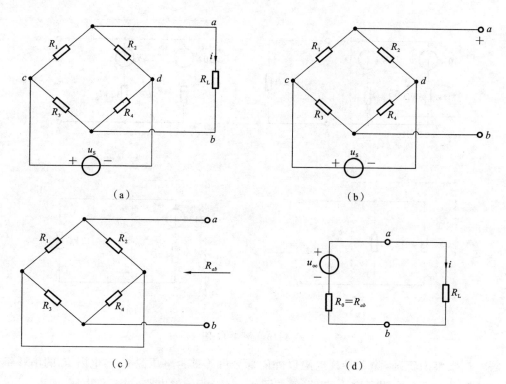

图 4-17 例 4-12 图

$$R_0 = R_{ab} = \frac{R_1 \times R_2}{R_1 + R_2} + \frac{R_3 \times R_4}{R_3 + R_4} \approx 5.8 \ \Omega$$

（3）作戴维南等效电路如图 4-17(d) 所示，求 R_L 中的电流 i。

$$i = \frac{u_S}{R_0 + R_L} \approx \frac{2}{5.8 + 10} \ \text{A} \approx 0.127 \ \text{A}$$

例 4-13 试说明,若有源二端网络的开路电压为 u_{oc},短路电流为 i_{sc},则戴维南电路的等效电阻为 $R_0 = \dfrac{u_{oc}}{i_{sc}}$。

解 据戴维南定理,该有源二端网络可以等效为电压源 u_{oc} 与电阻 R_0 的串联组合,如图 4-18(a)、(b) 所示,因此,原电路的短路电流 i_{sc} 等于等效电路的短路电流 i'_{sc},如图 4-18(c)、(d) 所示,即

$$i_{sc} = i'_{sc} = \frac{u_{oc}}{R_0}$$

由上式可得 $R_0 = \dfrac{u_{oc}}{i_{sc}}$。

例 4-14 求图 4-19(a) 所示电路的戴维南等效电路。

解 （1）求开路电压 u_{oc}。

$$u_{oc} = (i - 0.5i)R_2 + iR_1 + 10 = 10 + (R_1 + 0.5R_2)i = 10 \ \text{V}$$

（2）将 ab 短接,设 ab 间短路电流为 i_{sc},参考方向如图 4-19(b) 所示,则

$$i_{sc} = -i'$$

$$-R_1 i' - R_2(i' - 0.5i') - 10 = 0$$

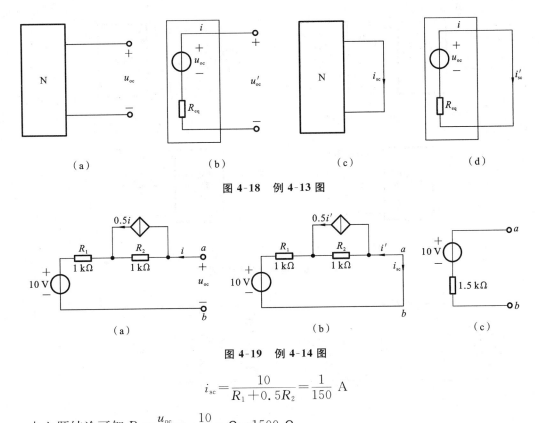

图 4-18 例 4-13 图

图 4-19 例 4-14 图

$$i_{sc} = \frac{10}{R_1 + 0.5R_2} = \frac{1}{150} \text{ A}$$

由上题结论可知 $R_0 = \dfrac{u_{oc}}{i_{sc}} = \dfrac{10}{1/150}$ Ω = 1500 Ω。

(3) 作戴维南等效电路如图 4-19(c)所示。

关于戴维南定理的几点说明如下。

(1) 只要得到线性含源单口网络的两个数据,开路电压 u_{oc} 和**短路电流** i_{sc},即可确定戴维南等效电路。

(2) 求含受控源的戴维南等效电路时,考虑到受控源的作用,通常**采用先算**开路电压 u_{oc},再算短路电流 i_{sc} 的方法获得 R_0。

(3) 求含受控源电路的等效电阻 R_0 时,也可采用前面所讲的外施电压**源求电流**和外施电流源求电压的一般方法来解决。

(4) 对电路的某一元件感兴趣时(求其电压、电流、功率等),应用戴维南定**理会带来很大**方便。

4.4.2 诺顿定理

含独立电源的线性电阻单口网络 N(见图 4-20(a)),就其端口特性而言,可以等效为一个电流源和电阻并联的单口网络,如图 4-20(b)所示。其中,电流源的电流等于单口网络端口处短接时的短路电流 i_{sc},如图 4-20(c)所示;电阻 R_0 是单口网络内全部独立电源为零值时所得的无源单口网络 N_0 的等效电阻,如图 4-20(d)所示。

例 4-15 如图 4-21(a)所示,试求 ab 端口以左的单口网络的诺顿等效电路,并求电压 u 和电流 i。

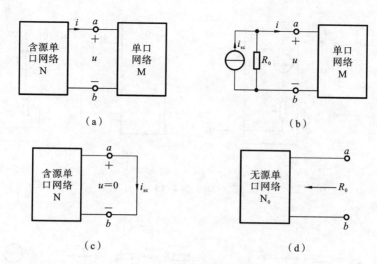

图 4-20 诺顿定理的描述

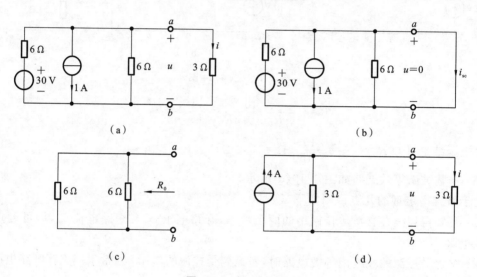

图 4-21 例 4-15 图

解 （1）将 ab 端口短路，求短路电流 i_{sc}，如图 4-21(b)所示，可用叠加定理求得

$$i_{sc} = \left(\frac{30}{6} - 1 \right) \text{A} = 4 \text{ A}$$

（2）求等效电阻 R_0。

将 ab 端口以左的单口网络内部所有电源置零，求得

$$R_0 = \frac{6 \times 6}{6 + 6} \ \Omega = 3 \ \Omega$$

（3）作诺顿等效电路如图 4-21(d)所示，求得

$$i = \frac{1}{2} \times 4 \text{ A} = 2 \text{ A}$$

$$u = 3i = 3 \times 2 \text{ V} = 6 \text{ V}$$

例 4-16 求图 4-22 所示电路的戴维南等效电路和诺顿等效电路，其中 $i_c = 0.75 i_1$。

解 （1）求开路电压 u_{oc}，如图 4-22(a)所示。

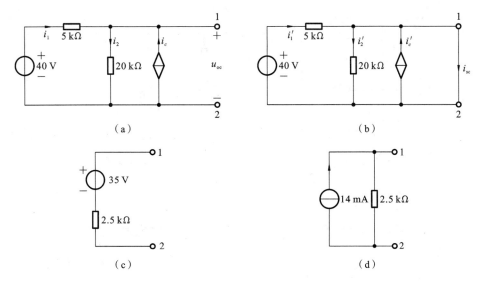

图 4-22 例 4-16 图

$$i_2 = i_1 + i_c = 1.75i_1$$

联立 KVL 方程 $5i_1 + 20i_2 = 40$ V,解得

$$i_1 = 1 \text{ mA}, \quad u_{oc} = 20 \text{ k}\Omega \times i_2 = 20 \times 1.75 \text{ V} = 35 \text{ V}$$

(2)求短路电流 i_{sc},如图 4-22(b)所示。

$$i'_1 = \frac{40}{5} \text{ mA} = 8 \text{ mA}$$

$$i_{sc} = i'_1 + i'_c = 1.75i'_1 = 1.75 \times 8 \text{ mA} = 14 \text{ mA}$$

(3)求等效电阻。

$$R_0 = \frac{u_{oc}}{i_{sc}} = \frac{35}{14} \text{ k}\Omega = 2.5 \text{ k}\Omega$$

(4)戴维南等效电路和诺顿等效电路如图 4-22(c)、(d)所示。

关于诺顿定理的几点说明如下。

(1)诺顿定理可由戴维南定理和等效电源定理推导出来。

(2)只能等效为一个电流源的单口网络($R_0 = \infty$),只能用诺顿定理等效,不能用戴维南定理等效。同理,只能等效为一个电压源的单口网络($R_0 = 0$),只能用戴维南定理等效,不能用诺顿定理等效。

习　题　4

4-1 如题 4-1 图所示电路中,试用叠加定理求电压源中的电流 i 和电流源两端的电压 u。

4-2 电路如题 4-2 图所示,试用叠加定理求 3 A 电流源两端的电压 u 和电流 i。

4-3 如题 4-3 图所示电路中,试用叠加定理求电流 i。

4-4 如题 4-4 图所示电路中,已知 $r = 2$ Ω,试用叠加定理求电流 i 和电压 u。

4-5 电路如题 4-5(a)、(b)图所示,试用叠加定理与齐次定理求电流 i。

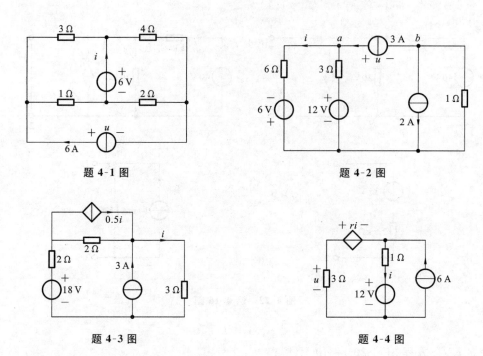

题 4-1 图

题 4-2 图

题 4-3 图

题 4-4 图

4-6 电路如题 4-6 图所示,应用叠加原理求解各支路的电流和各元件(电源和电阻)两端的电压,并说明功率平衡关系。

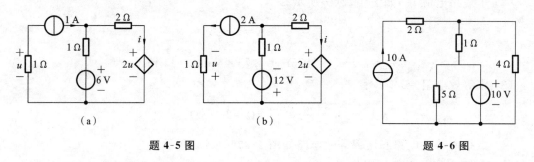

(a)　　　　　　　　(b)

题 4-5 图　　　　　　　　题 4-6 图

4-7 如题 4-7 图所示电路 N 内含有电源,当改变电阻 R_L 的阻值时,电路中各处的电压电流将随之变化,已知当 $i=1$ A 时,$u=10$ V;当 $i=2$ A 时,$u=30$ V。试用替代定理求解当 $i=3$ A 时 u 的值。

4-8 如题 4-8 图所示电路中,已知 N 的 VCR 为 $5u=4i+5$,试求各支路电流。

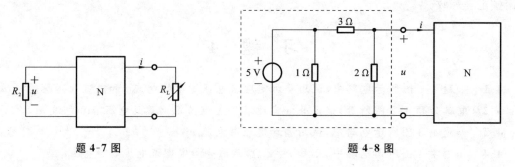

题 4-7 图　　　　　　　　题 4-8 图

4-9 如题 4-9 图所示电路中,试用戴维南定理求解 2 Ω 电阻中的电流 I。

4-10 如题 4-10 图所示电路中,试用戴维南定理求解 10 Ω 电阻中的电流 I。

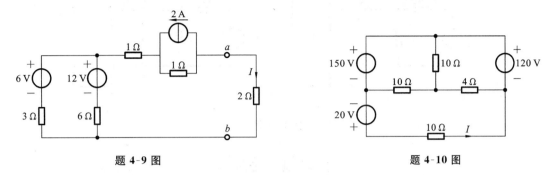

题 4-9 图　　　　　　　　　　　　题 4-10 图

4-11 试用戴维南定理求解如题 4-11 图所示桥式电路中的电阻 R_1 上的电流。

4-12 求如题 4-12 图所示单口网络的戴维南等效电路。

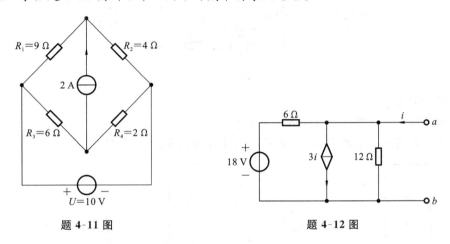

题 4-11 图　　　　　　　　　　　　题 4-12 图

4-13 已知 $r=2$ Ω,求如题 4-13 图所示的单口网络的戴维南等效电路。

4-14 如题 4-14 图所示电路中,求:(1) 端口 ab 的戴维南等效电路与诺顿等效电路;(2) $R=2$ Ω 时的电压 u 和电流 i。

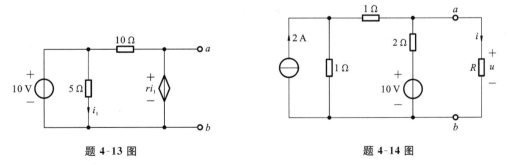

题 4-13 图　　　　　　　　　　　　题 4-14 图

4-15 电路如题 4-15(a) 图所示,已知图中电压 $u_2=12.5$ V。若将网络 N 短路,如题 4-15(b) 图所示,其短路电流 $i=10$ mA,试求 N 在 ab 端的戴维南等效电路。

4-16 求如题 4-16 图所示电路中的电流 I_1 和 I_2。

4-17 如题 4-17 图所示电路表示某低频信号发生器。现用示波器或高内阻交流电压表测得仪器输出的正弦电压幅度为 1 V。当仪器端接 900 Ω 负载电阻时,输出电压幅度降为 0.6

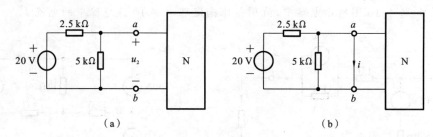

题 4-15 图

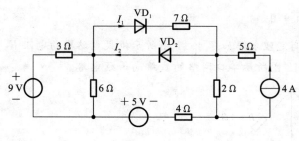

题 4-16 图

V,如题 4-17(b)图所示。

（1）试求信号发生器的输出特性和电路模型；

（2）已知仪器端接负载电阻 R_L 时的电压幅度为 $0.5\ \mathrm{V}$，求电阻 R_L。

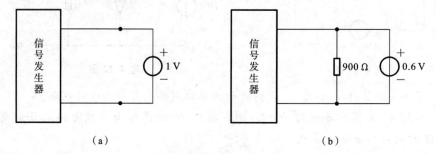

题 4-17 图

第5章 含有运算放大器的电阻电路

运算放大器(简称运放)是具有电压放大倍数很高、输入电阻很大、输出电阻很小等特性的电压放大器。在实际电路中,通常结合反馈网络共同组成某种功能模块。早期的运算放大器是使用真空管设计的,而目前多半使用集成电路式的元件,能够将电压类比成数字,用来进行加、减、乘、除运算,故其被称为运算放大器。

本章的内容主要是从工作特性和电路模型两方面来理解运算放大器,并通过典型电路分析和应用。其重点知识为理解理想运算放大器的两个重要规则,即虚断和虚短。

5.1 运算放大器

目前我们使用的运放虽然外形看似很小,但其内部集成了很多的晶体管、电阻、电容等元件,且其电路结构极为复杂。本章的主要目的是描述运放各端子的输入和输出关系,即电压、电流关系,这里先了解一般运放的端子排列情况以及各端子的作用。

图 5-1 所示的是某种运放的管脚图,其表示了某种运放的外形。这是一种双列直插式的封装,集成电路的芯片通过外伸管脚和外电路连接。图中的 8 个管脚的意义如下。

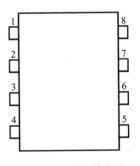

图 5-1 运放的管脚图

(1) 管脚 1、5、8 为调零、补偿端。

(2) 管脚 4 和管脚 7 为直流偏置电源电压端,其中管脚 4 接电源负极,管脚 7 接电源正极,即常说的双电源供电的集成运放类型。

(3) 管脚 2 和管脚 3 为输入端,若在管脚 3 上施加一个正的电压,则得到一个正的输出电压,故管脚 3 被称为同相输入端,若在管脚 2 上施加一个正的电压,则得到一个负的输出电压,故管脚 2 被称为反相输入端。

(4) 管脚 6 为输出端。

根据以上描述,可见运放和之前所学的电阻元件、电源元件不同,它不是二端元件,而是一种多端元件。

运算放大器的内部集成了很多的晶体管、电阻、电容等元件,由输入级、中间级、输出级和偏置电路等四个部分组成。其中,输入级由差分式电路组成,利用它的电路对称性可提高整个电路的性能;中间级为中间电压放大级,主要用于提高电压增益,可由一级或多级放大电路组成;输出级一般由电压跟随器构成,虽然其电压增益仅为1,但能为负载提供一定的功率。偏置电路提供直流低电阻、交流高阻抗,提高放大电路的放大能力和共模抑制能力,一般采用镜像恒流源电路。因此,集成运放具有电压放大倍数很高、输入电阻很大、输出电阻很小的特点。

5.2　运算放大器的电路模型

根据上面对运放的管脚的介绍,可以不用考虑管脚1、5、8(因为这3个管脚不与外电路连接),同时管脚4和管脚7为直流偏置电源电压端,即运算放大器的工作电源,在分析电路时常默认其已连接,电路符号中一般不画出。所以常用的运算放大器的完整符号可以简化为图5-2所示的符号,只画出2个输入端a和b、1个输出端o和1个公共接地端,一共4个端子。

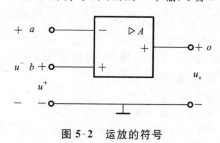

图 5-2　运放的符号

以公共接地端为参考结点,a端即芯片中对应的管脚2,为反相输入端,输入电压u^-;b端即芯片中对应的管脚3,为同相输入端,输入电压u^+;o端即芯片中对应的管脚6,为输出端,输出电压为u_o,在接地端未画出时要特别注意。A为运放的电压放大倍数,▷表示流入到流出的单方向。

当a,b端同时加电压时,称为差动输入,则有

$$u_o = A(u^+ - u^-) = Au_d \tag{5-1}$$

其中,$u_d = u^+ - u^-$为运算放大器的同相输入端与反相输入端的电压的差值,因此称其为差动输入电压。

当a端加电压,b端接地时,称为反相输入,则有

$$u_o = -Au^- \tag{5-2}$$

式(5-2)右边的负号说明输出电压和输入电压是反相的。

当a端接地,b端加电压时,称为同相输入,则有

$$u_o = Au^+ \tag{5-3}$$

说明输出电压和输入电压是同相的。

运放的u_o和u_d的关系称为传输特性,如图5-3所示。这使得运放具有以下几点性质。

(1) u_o和u_d具有不同的标度,u_o用伏特,u_d则用毫伏。这是因为运放具有电压放大倍数很高的特点。

(2) 在坐标原点附近一个很小的区间,例如在$-\sigma \leqslant u_d \leqslant \sigma$内,$u_o \approx Au_d$,特性曲线接近一条直线,其斜率较陡,等于$A$,即运放工作在线性区。

(3) 当$|u_d| > \sigma$时,输出电压u_o趋于饱和,其值在图中用$\pm U_{o(sat)}$表示,即运放工作在非线性区。

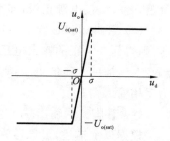

图 5-3　运放的传输特性

图5-4所示的为运算放大器的电路模型,根据前面介绍过的内部组成可以知道,运放就是一个电压控制电压源的受控源,其中,$u^+ - u^-$为运放的输入电压,作为受控源的控制量,$A(u^+ - u^-)$是输出电压,且输入和输出之间没有构成回路,这种连接方式称为开环,对应的电压放大倍数A称为开环放大倍数或开环增益。虽然开环增益A很大,一般在$10^5 \sim 10^8$的范围内,但这种连接会导致输入电压的范围过小。所以在运放的实际应用中,总是要设法把输出电压的一部分反馈到输入中去,即增加反馈支路,从而降低增益,稳定输出,这种连接方式称为闭

环,对应的电压放大倍数 A 称为闭环放大倍数或闭环增益。另外,R_i 是输入电阻,也很大,一般在 $10^6 \sim 10^{13}$ Ω 的范围内;而 R_o 是输出电阻,则比较小,一般为 100 Ω 左右。

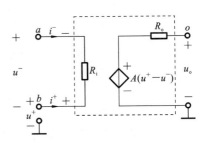

图 5-4 运算放大器的电路模型

实际运放的电压放大倍数很大,在理想情况下,开环放大倍数可趋于无穷大,输入电阻趋于无穷大,输出电阻趋于 0,且输出电压为有限值,这称为理想运放。

由于 $R_i \rightarrow \infty$,其输入端相当于开路,故

$$i^+ = i^- = 0$$

即同相输入端和反相输入端的输入电流相等且都为 0,称为虚断。

针对输入回路,利用 KVL 的推广,沿顺时针方向列写方程,可得

$$u_d = u^+ - u^- = i^+ R_i$$

由于

$$i^+ = 0$$

可得

$$u^+ - u^- = 0$$

即

$$u^+ = u^-$$

因此,可得输入端相当于短路,称为虚短。

合理利用运放的虚断和虚短两个特点,并与节点电压法相结合,将使对这类电路的分析大为简化。

5.3 典型电路分析

在分析设计电路中,常遇到含有运算放大器的各种电路。这里介绍两种典型的运算放大器电路,并给出具体实际电路分析。

1. 反相运算放大器

图 5-5 所示的为反相运算放大器电路。该电路中同相端接地,u_S 通过电阻 R_1 接到反相输入端,反馈电阻 R_f 接在反相输入端和输出端之间。

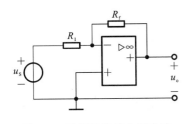

图 5-5 反相运算放大器电路

由于虚断 $i^+ = i^- = 0$,可得

$$\frac{u_S}{R_1} = \frac{u^- - u_o}{R_f}$$

又因为虚短和同相端接地,可得

$$u^+ = u^- = 0$$

所以该放大器的电压增益为

$$A_u = \frac{u_o}{u_S} = -\frac{R_f}{R_1}$$

该放大器的输出电压与输入电压的关系为

$$u_o = -\frac{R_f}{R_1}u_S$$

例 5-1 图 5-6 所示的电路为反相加法器，试说明其工作原理。

解 由于虚断 $i^+ = i^- = 0$，得 $i = i_1 + i_2 + i_3$，故

$$-\frac{u_o - u^-}{R_f} = \frac{u_1 - u^-}{R_1} + \frac{u_2 - u^-}{R_2} + \frac{u_3 - u^-}{R_3}$$

又因为虚短和同相端接地，可得 $u^+ = u^- = 0$，所以

$$-\frac{u_o}{R_f} = \frac{u_1}{R_1} + \frac{u_2}{R_2} + \frac{u_3}{R_3}$$

化简得

$$u_o = -R_f\left(\frac{u_1}{R_1} + \frac{u_2}{R_2} + \frac{u_3}{R_3}\right)$$

若 $R_1 = R_2 = R_3 = R_f$，则

$$u_o = -(u_1 + u_2 + u_3)$$

式中的负号表示输出电压与输入电压反相。

2. 同相运算放大器

图 5-7 所示的为同相放大器电路，输入电压 u_S 接在运放的同相输入端，电阻 R_1 接在反相端和参考地点之间。

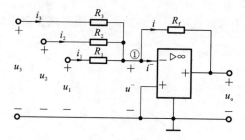

图 5-6 反相加法器

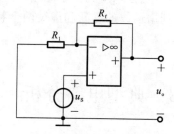

图 5-7 同相运算放大器

由于 $u^+ = u^- = u_S$，$i^+ = i^- = 0$，由 KCL 可得

$$\frac{1}{R_1}u_S + \frac{1}{R_f}(u_S - u_o) = 0$$

则输出电压与输入电压之间的关系为

$$u_o = \left(1 + \frac{R_f}{R_1}\right)u_S$$

该放大器的电压增益为

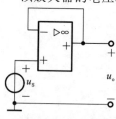

图 5-8 电压跟随器

$$A_u = 1 + \frac{R_f}{R_1}$$

选择不同的 R_1 和 R_f，可以获得不同的电压增益 A_u，A_u 的比值一定大于 1，同时又是正的，即输出电压与输入电压同相。

若将电路中的电阻 R_1 改为开路，电阻 R_f 改为短路，则可得电路图如图 5-8 所示，不难得出，$u_o = u_S$，即输出电压和输入电压相同，故称其为电压跟随器。

例 5-2 求如图 5-9 所示的电路的电压增益。

解 由于
$$u^+ = u^- = u_S, \quad i^+ = i^- = 0$$
流过 20 kΩ 和 10 kΩ 电阻上的电流相同,可得
$$\frac{u_o - u_S}{20} = \frac{u_S}{10}$$
则,电路电压增益为
$$A_u = \frac{u_o}{u_S} = 3$$

例 5-3 如图 5-10 所示,已知 $u_1 = 1$ V, $u_2 = 2$ V,求输出电压 u_o。

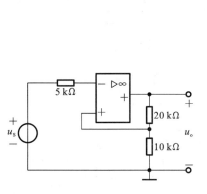
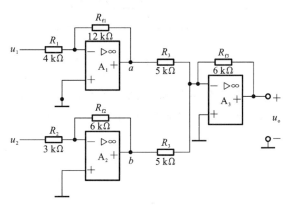

图 5-9 例 5-2 图   图 5-10 例 5-3 图

解 该电路由三个反相运算放大器组成,前面两个为单输入,最后一个将前两个的输入作为输入,可利用前面所学过的叠加定理来实现。

首先利用反相运算放大器的输出电压与输入电压之间的关系,可得
$$u_a = -\frac{R_{f1}}{R_1} u_1 = -3 \text{ V}$$
$$u_b = -\frac{R_{f2}}{R_2} u_2 = -4 \text{ V}$$
当 $u_a = -3$ V 时,有
$$u_{o1} = -\frac{R_{f3}}{R_3} u_a = 9 \text{ V}$$
当 $u_b = -4$ V 时,有
$$u_{o2} = -\frac{R_{f3}}{R_3} u_b = 12 \text{ V}$$
利用叠加原理,可得
$$u_o = u_{o1} + u_{o2} = 21 \text{ V}$$

通过这个例子可以发现,虽然电路复杂,但没有涉及多个运算放大器的加减运算,可以利用之前所学的叠加原理结合同相运算放大器和反相运算放大器一起简化和分析电路。

习 题 5

5-1 如题 5-1 图所示,设要求所示电路的输出 u_o 为

$$-u_\circ = 3u_1 + 0.2u_2$$

已知 $R_3 = 10\ \text{k}\Omega$，求 R_1 和 R_2。

5-2 如题 5-2 图所示，该电路起减法作用，求输出电压 $u_\circ$ 与输入电压 u_1、u_2 之间的关系。

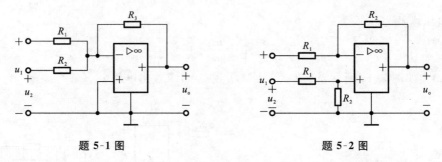

题 5-1 图　　　　　　　　题 5-2 图

5-3 已知 $R_1 = 10\ \text{k}\Omega$，$R_f = 20\ \text{k}\Omega$，$u_i = -1\ \text{V}$，求如题 3 图所示电路的输出电压 $u_\circ$。

5-4 在题 5-4 图中，$R_1 = 10\ \text{k}\Omega$，$R_2 = 20\ \text{k}\Omega$，$u_{i1} = -1\ \text{V}$，$u_{i2} = 1\ \text{V}$，求 $u_\circ$。

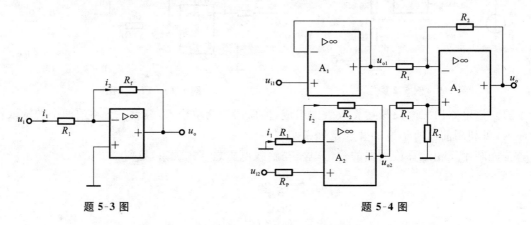

题 5-3 图　　　　　　　　题 5-4 图

5-5 如题 5-5 图所示电路，推导其输出电压和输入电压的表达式。

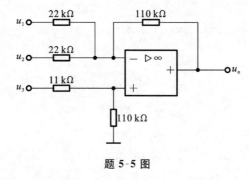

题 5-5 图

5-6 试求题 5-6 图中的输出电压 $u_\circ$。

5-7 试求题 5-7 图中的电压放大倍数 A_u。

5-8 如题 5-8 图所示电路，求比值 $\dfrac{u_\circ}{i_S}$。

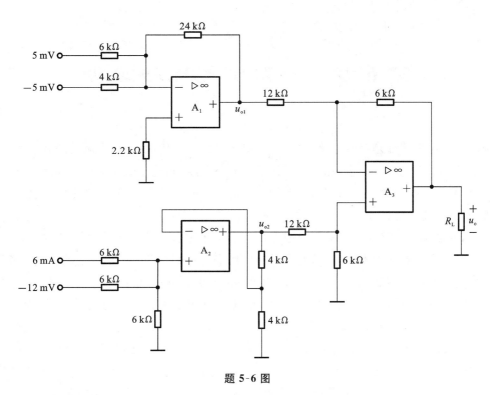

题 5-6 图

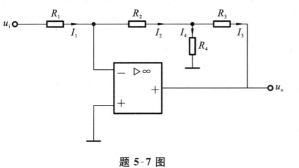

题 5-7 图

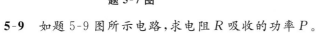

题 5-8 图

5-9 如题 5-9 图所示电路,求电阻 R 吸收的功率 P 。

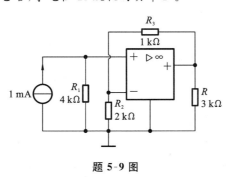

题 5-9 图

第6章　一阶动态电路分析

前面几章讨论的都是电阻电路,各元件的伏安关系均为代数关系,电阻电路就是用代数方程来描述的。如果激励为常量,那么激励作用于电路的瞬间,电路的响应也立即变为某一个常量,即电路在任一时刻的响应只与当前时刻加在电路上的激励有关,而与过去的激励无关。因此,电阻电路是无记忆的或者说是即时的。

但是,许多实际电路并不能只用电阻元件和电源元件来构成模型,某些器件的电磁现象需要用电容元件和电感元件来表征,这两类元件的伏安关系都涉及对电压或电流的微分或积分,因而称为动态元件。含有动态元件的电路称为动态电路,与电阻电路不同的是,动态电路是有记忆的,即动态电路在任一时刻的响应与激励都有其全部过程。在动态电路中,当电路接通、断开或电路参数发生改变时,电路一般要经过一段短暂的时间才能达到一个新的稳定状态,我们把这一过程称为电路的暂态过程,也叫作过渡过程。而研究暂态过程中电压或电流随时间变化的规律及暂态时间的长短称为暂态分析。动态电路的阶数由其包含的动态元件数决定,只含一个动态元件的线性、时不变电路,且可以用线性、常系数一阶常微分方程来描述的电路,称为一阶电路。前面内容中已经指出,两类约束关系是电路分析的基本依据,基尔霍夫定律施加在电路中的约束关系只取决于电路结构而与元件自身性质无关,为解决动态电路的分析问题,还须知道电容元件、电感元件的电压和电流的约束关系。

本章将首先介绍电容元件、电感元件的 VCR,然后介绍换路定律、初始值的确定方法,同时还将介绍零输入响应、零状态响应、全响应、瞬态分量、稳态分量等重要概念,最后介绍一阶电路的阶跃响应和冲激响应。

6.1　储能元件

电容元件和电感元件都能够储存能量,故称为储能元件。

6.1.1　电容元件

电容器是一种能够储存电场能量的无源器件,广泛应用于电子、通信、计算机及电力系统。用介质隔开两块金属极板就构成了一个简单的电容器,其中,金属极板可以是铝箔,介质可以是陶瓷、空气、电解质、绝缘纸或云母。电容器的结构如图 6-1(a)所示。由于理想介质是不能导电的,所以在外电源的作用下,极板上会聚集等量的异性电荷,它们在极板间形成电场,储存电场能量。当电源移去后,电荷继续聚集在极板上,电场也继续存在。可见电容器是一种能积聚电荷、储存电场能量的器件。

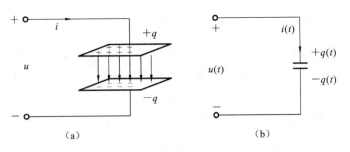

图 6-1 电容器的结构及电容元件的电路符号

电容元件是实际电容器的理想化模型,其电路符号如图 6-1(b)所示。如果一个二端元件在任一时刻,其电荷与电压之间的关系由 qu 平面上的一条曲线所确定,则称此二端元件为电容元件。特性曲线为通过坐标原点的一条直线的电容元件称为线性电容元件,否则称为非线性电容元件。线性时不变电容元件的特性曲线如图 6-2 所示,该特性曲线是一条通过原点且不随时间变化的直线,其中,q 和 u 的关系可以表示为

$$q = Cu \qquad (6\text{-}1)$$

式(6-1)中的系数 C 与直线的斜率成正比,称为电容,其单位是法拉,用 F 表示,也可以用微法(μF)或皮法(pF)作为单位,它们的关系为

$$1 \text{ pF} = 10^{-6} \ \mu\text{F} = 10^{-12} \text{ F}$$

当电容上的电荷量 q 或电压 u 发生变化时,则在电路中产生电流。在电容端电压和电流采用关联参考方向的情况下,可以得到关系式

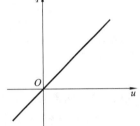

图 6-2 线性时不变电容元件的特性曲线

$$i(t) = \frac{\mathrm{d}q}{\mathrm{d}t} = \frac{\mathrm{d}(Cu)}{\mathrm{d}t} = C\,\frac{\mathrm{d}u}{\mathrm{d}t} \qquad (6\text{-}2)$$

式(6-2)表明电容中的电流与其电压对时间的变化率成正比。与电阻元件的电压电流之间存在确定的约束关系不同,电容电流与此时刻的电压并没有确定的约束关系。在直流电源激励的电路模型中,当各电压电流均不随时间变化而变化时,电容元件相当于开路,因此电容具有隔直流的作用。由于电容电流不取决于当前时刻所加电压的大小,而取决于该时刻电压的变化率,所以电容元件也称为动态元件。电容的伏安关系还表明,在任何时刻,如果通过电容的电流为有限值,电容上的电压就不能突变;反之,如果电容上的电压发生突变,则通过电容的电流将为无限大。对式(6-2)两边积分,可得到电容电压、电流的另一表达式

$$u_C(t) = \frac{1}{C} \int_{-\infty}^{t} i_C(\xi)\,\mathrm{d}\xi \qquad (6\text{-}3)$$

式(6-3)把积分变量 t 用 ξ 表示,以区分积分上限 t。式(6-3)表明,在任意时刻 t,电容电压的数值 $u_C(t)$ 由从 $-\infty$ 到 t 时刻之间的全部电流 $i_C(t)$ 来确定。也就是说,t 时刻以前流过电容的任何电流对 t 时刻的电压都有影响。这与电阻元件的电压或电流仅取决于此时刻的电流或电压完全不同,所以说电容是一种记忆元件。实际上,在电路分析中我们常常只对某一时刻 t_0 以后的情况感兴趣,因此可把式(6-3)改写为

$$u_C(t) = \frac{1}{C} \int_{-\infty}^{t} i_C(\xi)\,\mathrm{d}\xi = \frac{1}{C} \int_{-\infty}^{t_0} i_C(\xi)\,\mathrm{d}\xi + \frac{1}{C} \int_{t_0}^{t} i_C(\xi)\,\mathrm{d}\xi$$

$$= u_C(t_0) + \frac{1}{C}\int_{t_0}^{t} i_C(\xi)\mathrm{d}\xi \tag{6-4}$$

其中，$u_C(t_0)$ 为电容在 t_0 时刻的初始电压，反映了 t_0 时刻前电流的全部作用对于 t_0 时刻的电压的影响，如果知道 $t \geqslant t_0$ 时的电流 $i_C(t)$ 连同电容的初始电压 $u_C(t_0)$，就可以确定 $t \geqslant t_0$ 后的电容电压 $u_C(t)$。

电容也是一种储能元件，在电压与电流采用关联参考方向时，其吸收的功率为

$$p(t) = u_C(t)i_C(t) = Cu_C(t) \cdot \frac{\mathrm{d}u_C(t)}{\mathrm{d}(t)} \tag{6-5}$$

当 $p > 0$ 时，电容吸收能量（充电），当 $p < 0$ 时，电容释放能量（放电）。表明电容在一段时间内可以将从外部吸收的能量转化为电场能量并储存起来，在另一段时间内又把储存在电场中的能量释放回电路。任意时刻 t 电容吸收的总能量即电容的储能为

$$w_C(t) = \int_{-\infty}^{t} p(\xi)\mathrm{d}\xi = \int_{-\infty}^{t} u_C(\xi)i_C(\xi)\mathrm{d}(\xi) = C\int_{-\infty}^{t} u_C(\xi)\frac{\mathrm{d}u_C(\xi)}{\mathrm{d}(\xi)}\mathrm{d}(\xi)$$

$$= C\int_{u_C(-\infty)}^{u_C(t)} u_C(\xi)\mathrm{d}u_C(\xi) \tag{6-6}$$

一般认为 $u_C(-\infty) = 0$，式(6-6)可以写为

$$w_C(t) = \frac{1}{2}Cu_C^2(t) \tag{6-7}$$

式(6-7)表明电容的储能只与当前时刻的电压有关，与电流无关。当电容充电时，电压增大，储能增加；当电容放电时，电压减小，储能减少。充电时吸收并储存的能量会在放电完毕时全部释放，同时，电容不可能放出多于它储存的能量，这说明电容是一种储能元件。由于电容电压确定了电容的储能状态，故称电容电压为状态变量。根据式(6-7)也可以理解为什么电容电压不能轻易跃变，这是因为电容电压的跃变要伴随电容储存能量的跃变，而在电流有界的情况下，是不可能造成电场能量和电容电压发生跃变的。由于电容的储能总是大于或等于零，因此它是一种无源元件。

例 6-1 已知 $C = 0.5$ F 电容上的电压波形如图 6-3(a)所示，试求电压与电流采用关联参考方向时的 $i_C(t)$，$p_C(t)$，$w_C(t)$ 并画出它们的波形图。

解 $u_C(t)$ 的函数表达式为

$$u_C(t) = \begin{cases} 0 & t < 0 \\ 2t & 0 \leqslant t < 1 \\ 4-2t & 1 \leqslant t < 3 \\ -8+2t & 3 \leqslant t < 4 \\ 0 & t \geqslant 4 \end{cases}$$

由式(6-2)可得

$$i_C(t) = C\frac{\mathrm{d}u_C(t)}{\mathrm{d}t} = \begin{cases} 0 & t < 0 \\ 1 & 0 \leqslant t < 1 \\ -1 & 1 \leqslant t < 3 \\ 1 & 3 \leqslant t < 4 \\ 0 & t \geqslant 4 \end{cases}$$

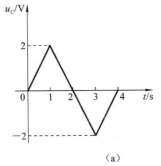

(a)

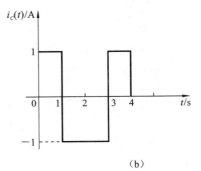

(b)

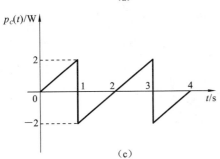

(c)

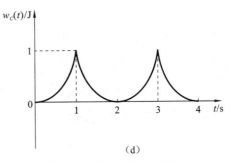

(d)

图 6-3 例 6-1 图

由式 (6-5)可得

$$p_C(t)=u_C(t)i_C(t)=\begin{cases} 0 & t<0 \\ 2t & 0\leqslant t<1 \\ 2t-4 & 1\leqslant t<3 \\ 2t-8 & 3\leqslant t<4 \\ 0 & t\geqslant4 \end{cases}$$

由式(6-7)可得

$$w_C(t)=\frac{1}{2}Cu_C^2(t)=\begin{cases} 0 & t<0 \\ t^2 & 0\leqslant t<1 \\ (t-2)^2 & 1\leqslant t<3 \\ (t-4)^2 & 3\leqslant t<4 \\ 0 & t\geqslant4 \end{cases}$$

由 $i_C(t)$，$p_C(t)$，$w_C(t)$的表达式,画出波形图如图 6-3(b)、(c)、(d)所示。

例 6-2 如图 6-4(a)所示电路,其中 $C=0.5$ F 的电容的电流波形如图 6-4(b)所示,试求电容电压 $u_C(t)$。

解 根据波形图写出 $i_C(t)$的函数表达式为

$$i_C(t)=\begin{cases} 0 & t<0 \\ 1 & 0\leqslant t<1 \\ 0 & 1\leqslant t<3 \\ 1 & 3\leqslant t<5 \\ 0 & t\geqslant5 \end{cases}$$

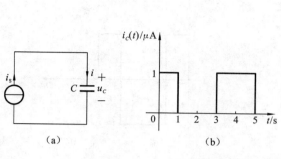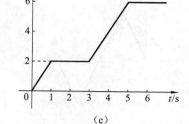

图 6-4　例 6-2 图

根据式(6-4)可得

当 $t \leqslant 0$ 时，$\qquad i_C(t)=0$

$$u_C(t) = \frac{1}{C}\int_{-\infty}^{t} i_C(\xi)\mathrm{d}\xi = 2\times10^6\int_{-\infty}^{t} 0\mathrm{d}\xi = 0$$

当 $0 \leqslant t < 1$ s 时，$i_C(t)=1$ μA

$$u_C(t) = \frac{1}{C}\int_{-\infty}^{t} i_C(\xi)\mathrm{d}\xi = u_C(0) + 2\times10^6\int_{0}^{t} 10^{-6}\mathrm{d}\xi = (0+2)t = 2t$$

$$t=1 \text{ s}, \quad u_C(1 \text{ s})=2 \text{ V}$$

当 1 s $\leqslant t < 3$ s 时，$i_C(t)=0$

$$u_C(t) = \frac{1}{C}\int_{-\infty}^{t} i_C(\xi)\mathrm{d}\xi = u_C(1) + 2\times10^6\int_{1}^{t} 0\mathrm{d}\xi = (2+0) \text{ V} = 2 \text{ V}$$

$$t=3 \text{ s}, \quad u_C(3 \text{ s})=2 \text{ V}$$

当 3 s $\leqslant t < 5$ s 时，$i_C(t)=1$ μA

$$u_C(t) = \frac{1}{C}\int_{-\infty}^{t} i_C(\xi)\mathrm{d}\xi = u_C(3) + 2\times10^6\int_{3}^{t} 10^{-6}\mathrm{d}\xi = 2+2(t-3)$$

$$t=5 \text{ s}, \quad u_C(5 \text{ s})=(2+4) \text{ V} = 6 \text{ V}$$

当 5 s $\leqslant t$ 时，$i_C(t)=0$

$$u_C(t) = \frac{1}{C}\int_{-\infty}^{t} i_C(\xi)\mathrm{d}\xi = u_C(5) + 2\times10^6\int_{5}^{t} 0\mathrm{d}\xi = (6+0) \text{ V} = 6 \text{ V}$$

$u_C(t)$ 的波形图如图 6-4(c)所示。

从例 6-1、例 6-2 的计算结果可以看出，电容电流的波形是不连续的矩形波，而电容电压的波形是连续的。从这个平滑的电容电压波形可以看出电容电压是连续的。即电容电流在闭区间$[t_1,t_2]$有界时，电容电压在开区间(t_1,t_2)内是连续的。这可以从电容电压、电流的积分关系式中得到证明。

将 $t=T$ 和 $t=T+\mathrm{d}t$ 代入式(6-3)中，其中，$t_1 < T < t_2$，$t_1 < T+\mathrm{d}t < t_2$，得到

$$\Delta u = u_C(T+\mathrm{d}t) - u_C(T) = \frac{1}{C}\int_{T}^{T+\mathrm{d}t} i_C(\xi)\mathrm{d}\xi\Big|_{\mathrm{d}t\to0} \to 0 \quad (i(\xi) \text{ 有界时})$$

当电容电流有界时，依据电容电压不能突变的性质，常用下式表示

$$u_C(t_+)=u_C(t_-)$$

对于初始时刻 $t=0$ 来说，上式表示为

$$u_C(0_+)=u_C(0_-)$$

利用电容电压的连续性,可以确定电路中开关发生作用后一瞬间的电容电压值,后面的换路定则中会详细说明。

6.1.2 电感元件

电感器是一种能够储存磁场能量的无源器件。通常把导线绕成的线圈称为电感器或者电感线圈。当线圈中有电流流过时,根据右手螺旋定则,将产生磁通 Φ,如图 6-5(a)所示。如果有 N 匝线圈,则各匝线圈磁通的总和称为磁链 $\Psi = N\Phi$。

电感元件是实际电感器的理想化模型,其电路符号如图 6-5(b)所示。如果一个二端元件在任一时刻,它所交链的磁链 Ψ 与其电流 i 之间的关系由 Ψ-i 平面上的一条曲线所确定,则称此二端元件为电感元件。特性曲线为通过坐标原点的一条直线的电感元件称为线性电感元件,否则称为非线性电感元件。线性时不变电感元件的特性曲线如图 6-6 所示,该特性曲线是一条通过原点且不随时间变化的直线,其中,Ψ 和 i 的关系可以表示为

$$\Psi = Li \tag{6-8}$$

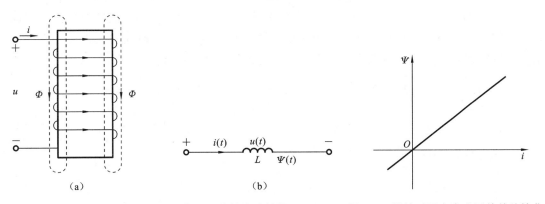

(a)	(b)	

图 6-5　电感线圈结构及电感元件的电路符号　　图 6-6　线性时不变电感元件的特性曲线

式(6-8)中的系数 L 为直线的斜率,称为电感,其单位是亨利,用 H 表示,也可以用毫亨(mH)或微亨(μH)作为单位,它们的关系为

$$1 \ \mu\mathrm{H} = 10^{-3} \ \mathrm{mH} = 10^{-6} \ \mathrm{H}$$

当电感上的磁链 Ψ 或电流 i 发生变化时,则在电感两端会产生感应电压。在电感端电压和电流采用关联参考方向的情况下,可以得到以下关系式

$$u(t) = \frac{\mathrm{d}\Psi}{\mathrm{d}t} = \frac{\mathrm{d}(Li)}{\mathrm{d}t} = L \frac{\mathrm{d}i}{\mathrm{d}t} \tag{6-9}$$

式(6-9)表明电感元件上的电压与其电流对时间的变化率成正比。在直流电源激励的电路模型中,当各电压电流均不随时间变化而变化时,电感元件相当于短路。由于电感电压不取决于当前时刻所流过的电流大小,而取决于该时刻电流的变化率,所以电感元件也称为动态元件。电感的伏安关系还表明,在任何时刻,如果电感电压为有限值,电感上的电流就不能突变;反之,如果电感上的电流发生突变,则通过电感的电压将为无限大。对式(6-9)两边积分,可得到电感电压、电流的另一表达式为

$$i_L(t) = \frac{1}{L} \int_{-\infty}^{t} u_L(\xi) \mathrm{d}\xi \tag{6-10}$$

式(6-10)表明,在任意时刻 t,电感电流的数值 $i_L(t)$ 由 $-\infty$ 到 t 时刻之间的全部电压 $u_L(t)$ 来确定。也就是说,t 时刻以前在电感上的任何电压对 t 时刻的电感电流都有影响。这与电阻元件的电压或电流仅取决于此时刻的电流或电压完全不同,所以说电感是一种记忆元件。实际上,在电路分析中我们常常只对某一时刻 t_0 以后的情况感兴趣,因此可把式(6-10)改写为

$$i_L(t) = \frac{1}{L}\int_{-\infty}^{t} u_L(\xi)\mathrm{d}\xi = \frac{1}{L}\int_{-\infty}^{t_0} u_L(\xi)\mathrm{d}\xi + \frac{1}{L}\int_{t_0}^{t} u_L(\xi)\mathrm{d}\xi$$

$$= i_L(t_0) + \frac{1}{L}\int_{t_0}^{t} u_L(\xi)\mathrm{d}\xi \tag{6-11}$$

其中,$i_L(t_0)$ 为电感在 t_0 时刻的初始电流,反映了 t_0 时刻前电压的全部作用对于 t_0 时刻的电流的影响,如果知道 $t \geqslant t_0$ 时的电压 $u_L(t)$ 连同电感的初始电流 $i_L(t_0)$,就可以确定 $t \geqslant t_0$ 后的电感电流 $i_L(t)$。

电感也是一种储能元件,在电压与电流采用关联参考方向时,其吸收的功率为

$$p(t) = u_L(t)i_L(t) = Li_L(t) \cdot \frac{\mathrm{d}i_L(t)}{\mathrm{d}(t)} \tag{6-12}$$

当 $p > 0$ 时,电感吸收能量(充电),当 $p < 0$ 时,电感释放能量(放电)。表明电感在一段时间内可以将从外部吸收的能量转化为磁场能量并储存起来,在另一段时间内又把储存在磁场中的能量释放回电路。任意时刻 t 电感吸收的总能量即电感的储能为

$$w_L(t) = \int_{-\infty}^{t} p(\xi)\mathrm{d}\xi = \int_{-\infty}^{t} u_L(\xi)i_L(\xi)\mathrm{d}(\xi) = L\int_{-\infty}^{t} i_L(\xi)\frac{\mathrm{d}i_L(\xi)}{\mathrm{d}(\xi)}\mathrm{d}(\xi)$$

$$= L\int_{i_L(-\infty)}^{i_L(t)} i_L(\xi)\mathrm{d}i_L(\xi) \tag{6-13}$$

一般认为 $i_L(-\infty) = 0$,式(6-13)可以写为

$$w_L(t) = \frac{1}{2}Li_L^2(t) \tag{6-14}$$

式(6-14)表明电感的储能只与当前时刻流过它的电流有关,与电压无关。当电感电流的绝对值增大时,电感储能增加;当电感电流的绝对值减小时,电感储能减少。由于电感电流确定了电感的储能状态,故称电感电流为状态变量。根据式(6-14)也可以理解为什么电感电流不能轻易跃变,这是因为电感电流的跃变要伴随电感储存能量的跃变,而在电压有界的情况下,是不可能造成磁场能量和电感电流发生跃变的。由于电感的储能总是大于或等于零,因此它是一种无源元件。

如果将电容或电感的 VCR 加以比较,就会发现,把式(6-2)中的 i 换成 u,u 换成 i,C 换成 L,就可以得到式(6-9);反之,也可以由式(6-9)得到式(6-2)。它们的特性、含义都具有相应的对偶关系,因此,电容元件与电感元件是一对对偶元件。

例 6-3 电路如图 6-7(a)所示,已知 $L = 5~\mu\text{H}$ 电感上的电流波形如图 6-7(b)所示,求电感电压 $u(t)$,并画出波形图。

解 根据图 6-7(b)所示的波形,按照时间分段来进行计算。

(1) 当 $t \leqslant 0$ 时,$i(t) = 0$,由式(6-9)可得到

$$u(t) = L\frac{\mathrm{d}i}{\mathrm{d}t} = 5 \times 10^{-6}\frac{\mathrm{d}(0)}{\mathrm{d}t} = 0$$

(2) 当 $0~\mu\text{s} \leqslant t \leqslant 3~\mu\text{s}$ 时,$i(t) = 2 \times 10^3 t$,由式(6-9)可得到

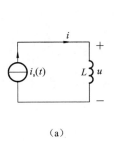

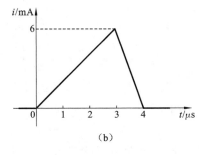

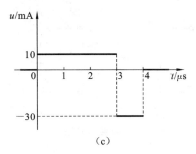

$$(a) \qquad\qquad (b) \qquad\qquad (c)$$

图6-7 例6-3图

$$u(t) = L\frac{\mathrm{d}i}{\mathrm{d}t} = 5\times10^{-6}\frac{\mathrm{d}(2\times10^3 t)}{\mathrm{d}t} = 10\times10^{-3} \text{ V} = 10 \text{ mV}$$

（3）当 $3 \mu s \leqslant t \leqslant 4 \mu s$ 时，$i(t) = 24\times10^3 - 6\times10^3 t$，由式(6-9)可得到

$$u(t) = L\frac{\mathrm{d}i}{\mathrm{d}t} = 5\times10^{-6}\frac{\mathrm{d}(24\times10^3 - 6\times10^3 t)}{\mathrm{d}t} = -30\times10^{-3} \text{ V} = -30 \text{ mV}$$

（4）当 $4 \mu s \leqslant t$ 时，$i(t) = 0$，根据由式(6-9)可得到

$$u(t) = L\frac{\mathrm{d}i}{\mathrm{d}t} = 5\times10^{-6}\frac{\mathrm{d}(0)}{\mathrm{d}t} = 0 \text{ V}$$

根据以上计算结果，画出相应的波形，如图6-7(c)所示。这说明当电感电流为三角波形时，其电感电压为矩形波形。

6.1.3 电容、电感的串并联

当电容、电感元件为串联或并联组合时，它们可以用一个电容或电感来等效，如图6-8(a)所示的是两个电容相串联的电路。

根据电容的VCR，有

$$u_1 = \frac{1}{C_1}\int_{-\infty}^{t} i(\xi)\mathrm{d}\xi$$

$$u_2 = \frac{1}{C_2}\int_{-\infty}^{t} i(\xi)\mathrm{d}\xi$$

$$u = u_1 + u_2 = \left(\frac{1}{C_1} + \frac{1}{C_2}\right)\int_{-\infty}^{t} i(\xi)\mathrm{d}\xi = \frac{1}{C}\int_{-\infty}^{t} i(\xi)\mathrm{d}\xi$$

图6-8 电容的串联

上式表明图6-8(a)所示的串联电路可等效为图6-8(b)所示的电路，其中

$$\frac{1}{C} = \frac{1}{C_1} + \frac{1}{C_2}$$

推广到 n 个电容的串联情况，可得

$$\frac{1}{C_{eq}} = \frac{1}{C_1} + \frac{1}{C_2} + \cdots + \frac{1}{C_n} \tag{6-15}$$

式中，C_{eq} 为等效电容，C_{eq} 的倒数为各串联电容的倒数之和。

图6-9(a)所示的是两个电容相并联的电路。

根据电容的VCR，有

$$i_1 = C_1\frac{\mathrm{d}u}{\mathrm{d}t}$$

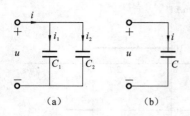

图 6-9　电容的并联

$$i_2 = C_2 \frac{\mathrm{d}u}{\mathrm{d}t}$$

$$i = i_1 + i_2 = C_1 \frac{\mathrm{d}u}{\mathrm{d}t} + C_2 \frac{\mathrm{d}u}{\mathrm{d}t} = (C_1 + C_2) \frac{\mathrm{d}u}{\mathrm{d}t} = C \frac{\mathrm{d}u}{\mathrm{d}t}$$

上式表明图 6-9(a)所示的并联电路可等效为图 6-9(b)所示的电路,其中

$$C = C_1 + C_2$$

推广到 n 个电容的并联情况,可得

$$C_{\mathrm{eq}} = C_1 + C_2 + \cdots + C_n \tag{6-16}$$

式中,C_{eq} 为等效电容,等于各并联电容之和。

由于电容元件与电感元件具有对偶性,可得:对于由 n 个电感相串联的电路,若电感为 $L_1, L_2, \cdots, L_n$,则等效电感为各串联电感之和,即

$$L_{\mathrm{eq}} = L_1 + L_2 + \cdots + L_n \tag{6-17}$$

对于 n 个电感相并联的电路,若电感为 $L_1, L_2, \cdots, L_n$,则等效电感的倒数为各并联电感的倒数之和,即

$$\frac{1}{L_{\mathrm{eq}}} = \frac{1}{L_1} + \frac{1}{L_2} + \cdots + \frac{1}{L_n} \tag{6-18}$$

6.2　换路定则

6.2.1　动态电路及其方程

分析含有动态元件如电容或电感的电路时,由于动态元件是储能元件,其伏安关系都涉及对时间的微分或积分,所以描述该电路的方程是微分方程。对于含有一个电容和一个电阻或者一个电感和一个电阻的电路,电路方程是一阶线性常微分方程,相应的电路称为一阶电阻电容电路(简称 RC 电路)或一阶电阻电感电路(简称 RL 电路)。与列写电阻电路方程一样,列写动态电路方程的理论依据仍然是两类约束。

如图 6-10 所示的为一简单的 RC 串联电路,由 KVL 可得

$$u_{\mathrm{S}}(t) = u_R(t) + u_C(t)$$

由电阻、电容元件的 VCR 可知

$$u_R(t) = R i_C(t)$$

$$i_C(t) = C \frac{\mathrm{d}u_C(t)}{\mathrm{d}t}$$

代入上式可得

$$RC \frac{\mathrm{d}u_C(t)}{\mathrm{d}t} + u_C(t) = u_{\mathrm{S}}(t) \tag{6-19}$$

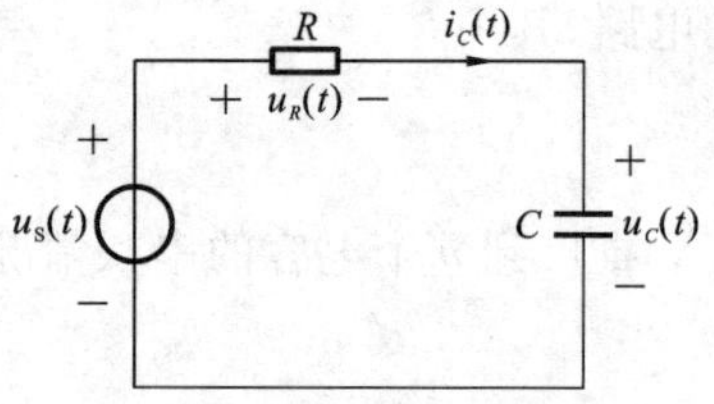

图 6-10　RC 串联电路

式(6-19)即为该 RC 串联电路的电路方程,这是关于 $u_C(t)$ 的一阶常系数非齐次线性方程,解此方程就可得到电容电压随时间变化的规律,这种动态电路的分析方法称为时域分析法,也称经典分析法,本章主要讨论时域分析法。动态电路的另一种分析方法,复频域分析法

将在后续章节中介绍。

用时域分析法求解一阶线性常微分方程时,需要初始条件即初始值来确定积分常数,为此,先讨论动态电路初始值的计算。

6.2.2 动态电路初始值的计算

动态电路的电路结构和元件参数发生变化称为换路,换路即为电路工作状况的改变。如突然接入或切断电源、改变元件的参数等。设 $t=0$ 为换路时刻,为了区分换路前后瞬间的时刻,用 $t=0_-$ 表示换路前的终了瞬间,用 $t=0_+$ 表示换路后的初始瞬间。

由动态元件的 VCR:$i_c=C\dfrac{\mathrm{d}u_c}{\mathrm{d}t}$,$u_L=L\dfrac{\mathrm{d}i}{\mathrm{d}t}$ 可知,当电容电流 i_c 和电感电压 u_L 为有限值,电容电压 u_c 和电感电流 i_L 不能跃变。这就是换路定则,用公式表示为

$$\begin{cases} u_C(0_+)=u_C(0_-) \\ i_L(0_+)=i_L(0_-) \end{cases} \tag{6-20}$$

由于电容电压、电感电流确定了电容、电感的储能状态,故称电容电压、电感电流为状态变量。根据换路定则,状态变量的初始值可由换路前的电路,即 $t=0_-$ 时刻的电路来确定。电路中的非状态变量可由换路后的电路,即 $t=0_+$ 时刻的电路来确定。变量初始值的求解步骤如下。

(1) 作 $t=0_-$ 时刻的等效电路,$t=0_-$ 时刻表示换路前的终了瞬间,亦是换路前稳定状态的最后一个时刻,由于电路处于稳态,其各处电压、电流均为常量,当 $i_c=C\dfrac{\mathrm{d}u_C}{\mathrm{d}t}=0$ 时,电容视为开路,当 $u_L=L\dfrac{\mathrm{d}i_L}{\mathrm{d}t}=0$ 时,电感视为短路,可以求出电容电压 $u_C(0_-)$ 和电感电流 $i_L(0_-)$。

(2) 作 $t=0_+$ 时刻的等效电路,$t=0_+$ 时刻可将电容用大小为 $u_C(0_+)$ 的理想电压源置换,可将电感用大小为 $i_L(0_+)$ 的理想电流源置换,当 $u_C(0_+)=0$ 时,可以将电容视为短路,当 $i_L(0_+)=0$ 时,可以将电感视为开路。

(3) 在 $t=0_+$ 时刻的等效电路上计算其他非状态变量的初始值。

例 6-4 图 6-11(a)所示的电路中的开关已闭合很久,$t=0$ 时断开开关,试求开关转换前和转换后瞬间的电容电压和电容电流。

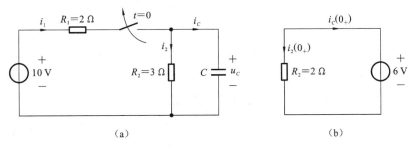

(a)   (b)

图 6-11 例 6-4 图

解 (1) 求电容的初始电压 $u_C(0_-)$。

在如图 6-11(a)所示的电路中,电容相当于开路。此时得到电容电压

$$u_C(0_-)=u_{R_2}(0_-)=\frac{R_2}{R_1+R_2}\times 10\ \mathrm{V}=\frac{3}{3+2}\times 10\ \mathrm{V}=6\ \mathrm{V}$$

此时电阻 R_1 和 R_2 的电流 $i_1(0_-)=i_2(0_-)=\dfrac{10}{5}\ \mathrm{A}=2\ \mathrm{A}$。

（2）应用换路定则求 $u_C(0_+)$。

此时由于 $t=0$ 时刻电容电流有界，电容电压不能跃变，由此得到

$$u_C(0_+)=u_C(0_-)=6\ \mathrm{V}$$

（3）作出 $t=0_+$ 时刻的等效电路，求电容电流。

$t=0_+$ 时刻，电容电压为 6 V，电容可以用一个大小为 6 V 的电压源置换，$t=0_+$ 时刻的等效电路如图 6-11(b)所示，此时电容电流与电阻 R_2 的电流相同，由此求得

$$i_C(0_+)=-i_2(0_+)=-\frac{6}{3}\ \mathrm{A}=-2\ \mathrm{A}$$

电容电流由 $i_C(0_-)=0\ \mathrm{A}$ 变化到 $i_C(0_+)=-2\ \mathrm{A}$。电阻 R_1 的电流由 $i_1(0_-)=2\ \mathrm{A}$ 变化到 $i_1(0_+)=0\ \mathrm{A}$。

例 6-5 如图 6-12 所示的电路，已知开关闭合前电路已处于稳态，$u_S=20\ \mathrm{V}$，$R_1=3\ \Omega$，$R_2=2\ \Omega$，$R_3=4\ \Omega$，$L=1\ \mathrm{H}$，$C=0.5\ \mathrm{F}$。当 $t=0$ 时，开关闭合。试求开关转换后瞬间各电压、电流的初始值。

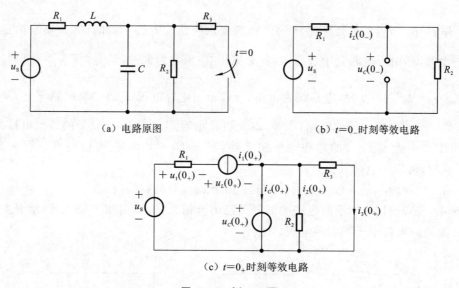

（a）电路原图 （b）$t=0_-$时刻等效电路

（c）$t=0_+$时刻等效电路

图 6-12 例 6-5 图

解 （1）求 $i_L(0_-)$ 和 $u_C(0_-)$。

开关闭合前电路已经处于稳态，电感相当于短路，电容相当于开路，作 $t=0_-$ 时的等效电路如图 6-12(b)所示，可得

$$i_L(0_-)=\frac{20}{3+2}\ \mathrm{A}=4\ \mathrm{A}$$

$$u_C(0_-)=i_L(0_-)\times R_2=4\times 2\ \mathrm{V}=8\ \mathrm{V}$$

（2）用换路定则求 $i_L(0_+)$ 和 $u_C(0_+)$。

由换路定则可得

$$i_L(0_+) = i_L(0_-) = 4 \text{ A}$$
$$u_C(0_+) = u_C(0_-) = 8 \text{ V}$$

（3）作 $t=0_+$ 时刻的等效电路，求其他电压、电流的初始值。

$t=0_+$ 时刻电容电压为 8 V，电感电流为 4 A，根据替代定理，电容可用一个大小为 8 V 的电压源替代，电感可用一个大小为 4 A 的电流源替代，作 $t=0_+$ 时刻的等效电路如图 6-12(c) 所示，可得

$$i_1(0_+) = i_L(0_+) = 4 \text{ A}$$
$$u_1(0_+) = i_1(0_+) \times R_1 = 12 \text{ V}$$
$$u_2(0_+) = u_3(0_+) = u_C(0_+) = 8 \text{ V}$$
$$i_2(0_+) = \frac{u_2(0_+)}{R_2} = 4 \text{ A}$$
$$i_3(0_+) = \frac{u_3(0_+)}{R_3} = 2 \text{ A}$$
$$i_C(0_+) = i_L(0_+) - i_2(0_+) - i_3(0_+) = -2 \text{ A}$$
$$u_L(0_+) = u_S - u_1(0_+) - u_C(0_+) = 0 \text{ V}$$

6.3　一阶电路的零输入响应

由一阶微分方程描述的电路称为一阶电路。本章主要讨论由直流电源驱动的含一个动态元件的线性一阶电路。由一个电感或一个电容加上一些电阻元件和独立电源组成的线性一阶电路，可以将连接到电容或电感的线性电阻单口网络用戴维南、诺顿等效电路来代替，如图 6-13 所示。

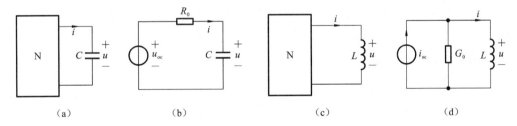

（a）　　　　　　　（b）　　　　　　　（c）　　　　　　　（d）

图 6-13　一阶电路的等效电路

本节的重点是讨论一个电压源与电阻及电容串联，或一个电流源与电阻及电感并联的一阶电路。与电阻电路的电压电流仅仅由独立电源所产生不同，动态电路的完全响应则由独立电源和动态元件的储能共同产生。

仅由动态元件初始条件引起的响应称为零输入响应。

仅由独立电源引起的响应称为零状态响应。

6.3.1　RC 串联电路的零输入响应

图 6-14(a) 所示的电路中的开关原来连接在 1 端，电压源 U_0 通过电阻 R_0 对电容充电，假设在开关转换以前，电路已处于稳态。在 $t=0$ 时刻开关由 1 端转换到 2 端。电容脱离电压源

而与电阻 R 并联,如图 6-14(b)所示。

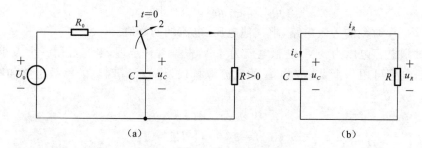

图 6-14 RC 零输入响应电路

1. 定性分析

开关转换到 2 端的瞬间,根据换路定则,$u_C(0_+)=u_C(0_-)=U_0$,由于电容与电阻并联,这使得电阻电压与电容电压相同,即

$$u_R(0_+)=u_C(0_+)=U_0$$

电阻的电流为

$$i_R(0_+)=\frac{U_0}{R}$$

该电流在电阻中引起的功率和能量为

$$p(t)=Ri_R^2(t)$$

$$W_R(t)=R\int_0^t i_R^2(\xi)\mathrm{d}\xi$$

电容中的能量为

$$W_C(t)=\frac{1}{2}Cu^2(t)$$

随着时间的增长,电阻消耗的能量需要电容来提供,这将造成电容电压变小,一直到电容电压变为零且电容放出全部存储的能量为止。也就是电容电压从初始值 $u_C(0_+)=U_0$ 逐渐减小到零的变化过程。这一过程变化的快慢取决于电阻消耗能量的速率。

2. 定量分析

开关转换到 2 端之后,电路如图 6-14(b)所示。由两类约束关系可得

$$u_C-u_R=0$$

$$u_R=Ri_R=-Ri_C=-RC\frac{\mathrm{d}u_C}{\mathrm{d}t}$$

代入上式得到方程

$$RC\frac{\mathrm{d}u_C}{\mathrm{d}t}+u_C=0 \quad (t\geqslant 0) \tag{6-21}$$

这是一阶常系数线性齐次微分方程,方程的通解为

$$u_C(t)=Ae^{st}$$

可得

$$RCsAe^{st}+Ae^{st}=0$$

特征方程为

$$RCs+1=0$$

特征根为

$$s=-\frac{1}{RC}$$

根据初始条件 $u_C(0_+)=u_C(0_-)=Ae^{st}\big|_{t=0_+}=U_0$，求得

$$A=U_0$$

求得满足初始值的微分方程的解为

$$u_C(t)=u_C(0_+)e^{-\frac{t}{RC}}=U_0e^{-\frac{t}{RC}} \quad (t\geqslant 0) \tag{6-22}$$

波形图如图 6-15(a)所示。

根据电容元件的 VCR 可得电容电流 $i_C(t)$ 以及电阻上的电压分别为

$$i_C(t)=C\frac{\mathrm{d}u_C}{\mathrm{d}t}=-\frac{U_0}{R}e^{-\frac{t}{RC}} \quad (t>0)$$

$$i_R(t)=-i_C(t)=\frac{U_0}{R}e^{-\frac{t}{RC}} \quad (t>0)$$

$$u_R(t)=u_C(t)=U_0e^{-\frac{t}{RC}} \quad (t\geqslant 0)$$

从上式可见，各电压电流的变化快慢取决于 R 和 C 的乘积。令 $\tau=RC$，由于 τ 具有时间的量纲，故称它为 RC 电路的时间常数。引入 τ 后，上式可表示为

$$\begin{cases} u_C(t)=U_0e^{-\frac{t}{\tau}} \quad (t\geqslant 0) \\ i_C(t)=C\frac{\mathrm{d}u_C}{\mathrm{d}t}=-\frac{U_0}{R}e^{-\frac{t}{\tau}} \quad (t>0) \\ i_R(t)=-i_C(t)=\frac{U_0}{R}e^{-\frac{t}{\tau}} \quad (t>0) \end{cases} \tag{6-23}$$

各电压电流的波形图如图 6-15(b)、(c)所示。

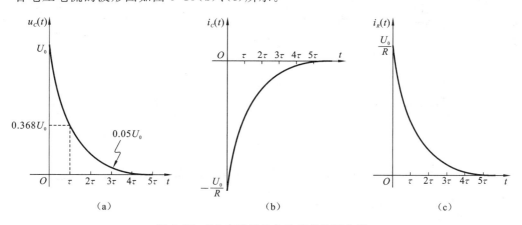

(a)　　　　　　　　　(b)　　　　　　　　　(c)

图 6-15　RC 电路零输入响应的波形曲线

与电容电压不同，$i_C(t)$，$i_R(t)$，$u_R(t)$ 在 $t=0$ 时刻发生了跳变，其中

$$i_C(0_-)=0, \quad i_C(0_+)=-\frac{U_0}{R}$$

$$i_R(0_-)=0, \quad i_R(0_+)=\frac{U_0}{R}$$

$$u_R(0_-)=0, \quad u_R(0_+)=U_0$$

由上述分析可知,零输入响应的衰减快慢取决于 τ 值,下面以电容电压 $u_C(t)=U_0 e^{-\frac{t}{\tau}}$ 为例,说明电压的变化与时间常数的关系。

当 $t=0$ 时,$u_C(0)=U_0$,当 $t=\tau$ 时,$u_C(\tau)=0.368U_0$。表 6-1 列出了 t 等于 $0,\tau,2\tau,3\tau,4\tau,$ 5τ 时的电容电压值。从理论上讲,当 $t \to \infty$ 时,$u_C(t)$ 衰减为 0,但从实际应用角度上看,由于 $t=5\tau$ 时,$u_C(t)$ 已经衰减为初始值的 0.7%,一般可认为此时零输入响应基本结束。通常认为经过 $4\tau \sim 5\tau$ 时间 $u_C(t)$ 衰减过程结束。

表 6-1 不同时刻的电容电压值

t	0	τ	2τ	3τ	4τ	5τ	∞
$u_C(t)$	U_0	$0.368U_0$	$0.135U_0$	$0.050U_0$	$0.018U_0$	$0.007U_0$	0

电阻在电容放电过程中消耗的全部能量为

$$W_R = \int_0^\infty i_R^2(t)R \mathrm{d}t = \int_0^\infty \left(\frac{U_0}{R}e^{-\frac{t}{RC}}\right)^2 R\mathrm{d}t = \frac{1}{2}CU_0^2$$

计算结果证明了电容在放电过程中释放的能量全部转换为电阻消耗的能量。

由于电容在放电过程中释放的能量全部转换为电阻消耗的能量,故电阻消耗能量的速率直接影响电容电压衰减的快慢,可以从能量消耗的角度来说明放电过程的时间长短。

如在电容电压初始值 U_0 不变的条件下,若增加电容 C,就相当于增加电容的初始储能,使放电过程的时间加长;若增加电阻 R,其电阻电流减小,电阻消耗能量减少,使放电过程的时间加长。这就可以解释当时间常数 $\tau=RC$ 变大时,电容放电过程会加长的原因。

例 6-6 电路如图 6-16(a)所示,已知电容电压 $u_C(0_-)=12$ V。$t=0$ 时刻闭合开关 K,求 $t>0$ 时的电容电压和电容电流。

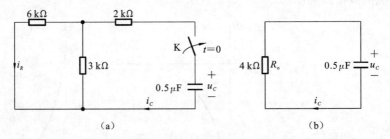

图 6-16 例 6-6 图

解 由式(6-23)可知,零输入响应均是从初始值按照指数规律衰减到 0 的,故分别求初始值 $u_C(0_+)$、时间常数 τ。

(1) 求初始值 $u_C(0_+)$。

当 $t=0$ 时,开关 K 闭合后的等效电路如图 6-16(b)所示。将连接于电容两端的电阻单口网络等效于一个电阻 R_0,其电阻值为

$$R_0 = \left(2 + \frac{6 \times 3}{6+3}\right) \text{ k}\Omega = 4 \text{ k}\Omega$$

已知 $u_C(0_-)=12$ V,根据换路定则,有

$$u_C(0_+)=u_C(0_-)=12 \text{ V}$$

（2）求时间常数 τ。

由图 6-16(b)所示的电路,可得时间常数为
$$\tau = R_{\circ}C = 4 \times 10^3 \times 0.5 \times 10^{-6}\ \mathrm{s} = 2 \times 10^{-3}\ \mathrm{s} = 2\ \mathrm{ms}$$

（3）求零输入响应。
$$u_C(t) = u_C(0_+)\mathrm{e}^{-\frac{t}{\tau}} = 12\mathrm{e}^{-500t}\ \mathrm{V} \quad (t \geqslant 0)$$

$$i_C(t) = C\frac{\mathrm{d}u_C}{\mathrm{d}t} = -\frac{u_C(0_+)}{R_{\circ}}\mathrm{e}^{-\frac{t}{\tau}} = -\frac{12}{4 \times 10^3}\mathrm{e}^{-500t}\ \mathrm{mA} = -3\mathrm{e}^{-500t}\ \mathrm{mA} \quad (t > 0)$$

6.3.2 RL 串联电路的零输入响应

RL 电路的零输入响应的分析方法与 RC 电路的类似。

图 6-17(a)所示的电路中,开关原来连接在 1 端,电路已处于稳态,电感电流的初始值 $i_L(0_-) = I_0$。在 $t = 0$ 时刻,开关由 1 端转换到 2 端。电感脱离电流源而与电阻 R 并联,如图 6-17(b)所示。

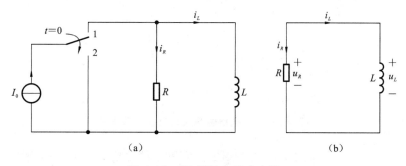

图 6-17 RL 零输入响应电路

1. 定性分析

当开关转换到 2 端的瞬间,根据换路定则,$i_L(0_+) = i_L(0_-) = I_0$。与 RC 电路的零输入响应类似,电感电流通过电阻 R 时引起能量的消耗,电阻消耗的能量需要电感来提供,这将造成电感电流变小,一直到电感电流变为零且电感放出全部存储的能量为止,也就是电感电流从初始值 $i_L(0_+) = I_0$ 逐渐减小到零的变化过程。这一过程变化的快慢取决于电阻消耗能量的速率。

2. 定量分析

开关转换到 2 端之后,电路如图 6-17(b)所示。由两类约束关系可得
$$i_R + i_L = \frac{u_R}{R} + i_L = 0$$

$$u_R = u_L = L\frac{\mathrm{d}i_L}{\mathrm{d}t}$$

得到以下微分方程
$$\frac{L}{R}\frac{\mathrm{d}i_L}{\mathrm{d}t} + i_L = 0 \quad (t \geqslant 0) \tag{6-24}$$

这个微分方程与式(6-21)相似,其通解为
$$i_L(t) = A\mathrm{e}^{-\frac{R}{L}t} \quad (t \geqslant 0)$$

代入初始条件 $i_L(0_+)=I_0$，求得

$$A=I_0$$

从而可得到电感电流 $i_L(t)$、电感电压 $u_L(t)$ 及电阻电压 $u_R(t)$ 的表达式为

$$i_L(t)=I_0 e^{-\frac{R}{L}t} \quad (t \geqslant 0)$$

$$u_L(t)=L\frac{di_L}{dt}=-RI_0 e^{-\frac{R}{L}t} \quad (t>0)$$

$$u_R(t)=u_L(t)=-RI_0 e^{-\frac{R}{L}t} \quad (t>0)$$

波形图如图 6-18 所示。

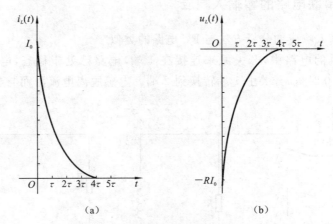

图 6-18 RL 电路零输入响应的波形曲线

从上式可见，各电压电流的变化快慢取决于 R 和 L 的比值。令 $\tau=\dfrac{L}{R}$，由于 τ 具有时间的量纲，故称它为 RL 电路的时间常数。引入 τ 后，上式表示为

$$
\begin{cases}
i_L(t)=I_0 e^{-\frac{R}{L}t}=I_0 e^{-\frac{t}{\tau}} & (t\geqslant 0) \\[2mm]
u_L(t)=L\dfrac{di_L}{dt}=-RI_0 e^{-\frac{R}{L}t}=-RI_0 e^{-\frac{t}{\tau}} & (t>0) \\[2mm]
u_R(t)=u_L(t)=-RI_0 e^{-\frac{R}{L}t}=-RI_0 e^{-\frac{t}{\tau}} & (t>0)
\end{cases}
\tag{6-25}
$$

与电感电流不同，$u_L(t)$、$u_R(t)$ 在 $t=0$ 时刻发生了跳变，其中

$$u_L(0_-)=0, \quad u_L(0_+)=-I_0 R$$

$$u_R(0_-)=0, \quad u_R(0_+)=-I_0 R$$

从以上分析可以看出，电流 $i_L(t)$ 及电压 $u_L(t)$ 及 $u_R(t)$ 都是从一个初始值按同样的指数规律衰减的，它们衰减的快慢取决于指数中时间常数 $\dfrac{L}{R}$ 的大小。

对 RC 和 RL 一阶电路零输入响应的分析和计算表明，电路中各电压电流均从其初始值开始，按照指数规律衰减到零。

在式(6-23)和式(6-25)中，U_0 即为电容电压在 $t=0_+$ 时的初始值 $u_C(0_+)$；I_0 即为电感电流在 $t=0_+$ 时的初始值 $i_L(0_+)$，则式(6-23)和式(6-25)更广义的写法为

$$
\begin{cases}
u_C(t)=u_C(0_+)(1-e^{-\frac{t}{RC}}) \\[2mm]
i_L(t)=i_L(0_+)(1-e^{-\frac{R}{L}t})
\end{cases}
\tag{6-26}
$$

式中,R 为动态元件所接电阻网络的戴维南等效电路的等效电阻。

6.4 一阶电路的零状态响应

电路初始状态为零(电感电流或电容电压为零),仅由外加激励引起的响应即为零状态响应。

6.4.1 RC 串联电路的零状态响应

如图 6-19 所示的 RC 串联电路中,开关 S 在 $t=0$ 时刻闭合,求 $t \geqslant 0$ 时电容上的电压 $u_C(t)$。

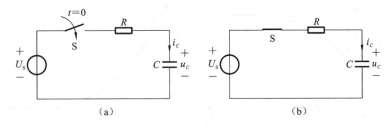

图 6-19 RC 串联电路的零状态响应

1. 定性分析

在 $t<0$ 时,电路已经处于稳态,即电容的初始状态,$u_C(0_-)=0$,当 $t=0$ 时,开关 S 闭合,由换路定律 $u_C(0_+)=u_C(0_-)=0$,$t=0_+$ 时刻电容相当于短路,电源电压 U_s 全部施加于电阻 R 两端,此时电流达到最大值,$i_C(0_+)=\dfrac{U_s}{R}$,随着充电的进行,电容电压逐渐增加,充电电流逐渐减小,直到 $u_C(t)=U_s$,$i_C(t)=0$,充电过程结束,此时电容相当于开路,电路进入稳态。

2. 定量分析

开关闭合电路如图 6-19(b)所示,根据 KVL 得

$$u_R + u_C = U_s$$

将 $u_R = Ri_C(t) = RC\dfrac{\mathrm{d}u_C(t)}{\mathrm{d}t}$ 代入上式得一阶常系数线性非齐次微分方程为

$$\begin{cases} RC\dfrac{\mathrm{d}u_C(t)}{\mathrm{d}t} + u_C(t) = U_s \\ u_C(0_+) = 0 \end{cases} \tag{6-27}$$

该方程的解由方程的特解 u'_C 和对应的齐次方程 $RC\dfrac{\mathrm{d}u_C}{\mathrm{d}t} + u_C = 0$ 的通解 u''_C 组成。

非齐次方程的特解通常与外加激励具有相同的函数形式,当激励为常量 U_s 时,特解亦为常量,令 $u'_C = K$,代入式(6-27)得特解 $u'_C = u_C(\infty) = U_s$。特解是充电结束后电路达到新的稳态时的稳态值,称为稳态分量。

微分方程 $RC\dfrac{\mathrm{d}u_C}{\mathrm{d}t} + u_C = 0$ 的通解 u''_C 与式(6-21)相同,通解为 $u''_C = Ae^{-\frac{1}{RC}t}$。通解代表的

是暂态(瞬态)分量,该分量在达到新稳态后便衰减为零。

故微分方程的解为

$$u_C = u'_C + u''_C = U_S + Ae^{-\frac{1}{RC}t}$$

将初始条件 $u_C(0_+) = u_C(0_-) = 0$ 代入上式得

$$A = -U_S$$

因此,零状态响应中的电容电压、电容电流的表达式为

$$\begin{cases} u_C(t) = U_S - U_S e^{-\frac{t}{RC}} = U_S(1 - e^{-\frac{t}{RC}}) = U_S(1 - e^{-\frac{t}{\tau}}) & (t \geq 0) \\ i_C(t) = C\dfrac{du_C(t)}{dt} = \dfrac{U_S}{R}e^{-\frac{t}{RC}} = \dfrac{U_S}{R}e^{-\frac{t}{\tau}} & (t > 0) \end{cases} \quad (6\text{-}28)$$

式中,τ 为时间常数,$\tau = RC$。$u_C(t)$、$i_C(t)$ 的波形图如图 6-20 所示。

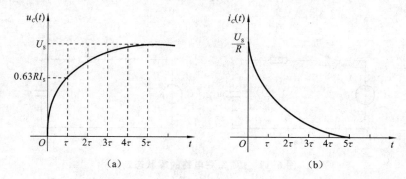

图 6-20　RC 串联电路的零状态响应的波形曲线

$u_C(t)$ 从 0 按指数规律上升,一直到稳态值 U_S。当 $t = 4\tau$ 时,u_C 上升到稳态值的 98.2%。理论上,当 $t \to \infty$ 时,$u_C(t)$ 才能充电到 U_S,但从实际应用角度上看,通常认为经过 $4\tau \sim 5\tau$ 时间电路充电过程结束,进入稳定状态。

电路由一个稳定状态过渡到另一个稳定状态所经历的过程称为过渡过程。时间常数 τ 决定着过渡过程的长短,即电容充电的快慢。τ 越小,电容充电过程越快,电路的过渡过程越短;反之,τ 越大,电容充电过程越慢,电路的过渡过程越长。

电容上电压(状态)从初始值开始逐渐增加,最后达到新的稳定值。它由以下两部分组成。

稳态分量:方程的特解,即电路达到稳态时的稳态值。它受外施激励源制约,也称为强制分量。

暂态分量:方程的通解,其变化规律与零输入响应相同,按指数规律衰减到零,只在暂态过程中出现,故称为暂态分量。其形式与外施激励源无关,也称为自由分量。

充电过程中电阻消耗的能量为

$$W_R = \int_0^\infty \frac{U_S^2}{R}e^{-\frac{2t}{RC}}dt = \frac{U_S^2}{R}\left(-\frac{RC}{2}\right)e^{-\frac{2t}{RC}}\Big|_0^\infty = \frac{1}{2}CU_S^2$$

电容储存的能量为

$$W_C = \frac{1}{2}CU_S^2$$

零状态响应实质是电路储存电场能的过程。电源在充电过程中提供的能量,一部分转化成电场能储存在电容中,一部分被电路中的电阻消耗,且有 $W_C = W_R$,故电源提供的能量只有一半储存在电容中,其充电效率为 50%,与电阻阻值、电容无关。

6.4.2　RL 串联电路的零状态响应

如图 6-21(a)所示的 RL 串联电路,开关 S 在 $t=0$ 时刻由 a 倒向 b,求 $t\geqslant 0$ 时电感电流 $i_L(t)$ 和电感电压 $u_L(t)$。

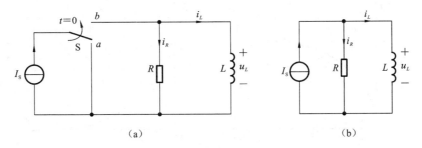

图 6-21　RL 串联电路的零状态响应

1. 定性分析

在 $t<0$ 时,电路已经处于稳态,即电感的初始状态,$i_L(0_-)=0$,当 $t=0$ 时,开关由 a 倒向 b,由换路定律 $i_L(0_+)=i_L(0_-)=0$,$t=0_+$ 时刻电感相当于开路,电流源电流全部流经电阻所在支路,此时电感电压达到最大值,$u_L(0_+)=u_R(0_+)=I_SR$。随着充电的进行,电感电流逐渐增加,电阻电流逐渐减少,电感电压逐渐减少,直到 $i_L(t)=I_S$,$u_L(t)=0$,充电过程结束,此时电感相当于短路,电路进入稳态。

2. 定量分析

开关闭合电路如图 6-21(b)所示,根据 KCL 得

$$i_R+i_L=I_S$$

将 $i_R(t)=\dfrac{u_L(t)}{R}=\dfrac{L}{R}\dfrac{\mathrm{d}i_L(t)}{\mathrm{d}t}$ 代入上式得一阶常系数线性非齐次微分方程为

$$\begin{cases} \dfrac{L}{R}\dfrac{\mathrm{d}i_L(t)}{\mathrm{d}t}+i_L(t)=I_S & (t\geqslant 0) \\ i_L(0_+)=0 \end{cases} \tag{6-29}$$

与 RC 电路分析类似,该方程的解由方程的特解 i'_L 和对应的齐次方程 $\dfrac{L}{R}\dfrac{\mathrm{d}i_L(t)}{\mathrm{d}t}+i_L(t)=0$ 的通解 i''_L 组成。

令 $i'_L=K$,代入式(6-29)得特解 $i'_L=i_L(\infty)=I_S$。

微分方程 $\dfrac{L}{R}\dfrac{\mathrm{d}i_L(t)}{\mathrm{d}t}+i_L(t)=0$ 的通解 i''_L 与式(6-24)相同,通解 $i''_L=A\mathrm{e}^{-\frac{R}{L}t}$。

故微分方程的解为

$$i_L=i'_L+i''_L=I_S+A\mathrm{e}^{-\frac{R}{L}t}。$$

将初始条件 $i_L(0_+)=i_L(0_-)=0$ 代入上式得

$$A=-I_S$$

因此,零状态响应中的电感电流、电感电压的表达式为

$$\begin{cases} i_L(t)=I_S-I_S\mathrm{e}^{-\frac{R}{L}t}=I_S(1-\mathrm{e}^{-\frac{R}{L}t})=I_S(1-\mathrm{e}^{-\frac{t}{\tau}}) \quad (t\geqslant 0) \\ u_L(t)=L\dfrac{\mathrm{d}i_L}{\mathrm{d}t}=RI_S\mathrm{e}^{-\frac{R}{L}t}=RI_S\mathrm{e}^{-\frac{t}{\tau}} \quad (t>0) \end{cases} \tag{6-30}$$

式(6-30)中,τ 为时间常数,$\tau=L/R$,$i_L(t)$ 和 $u_L(t)$ 的波形图如图 6-22 所示。

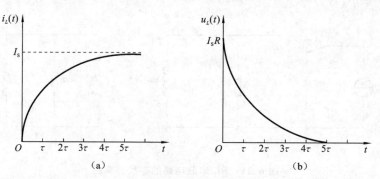

图 6-22　RL 串联电路的零状态响应的波形曲线

在式(6-28)和式(6-30)中,U_S 即为电容电压 u_C 在 $t\to\infty$ 时的稳态值 $u_C(\infty)$；I_S 即为电感电流 i_L 在 $t\to\infty$ 时的稳态值 $i_L(\infty)$,则式(6-28)和式(6-30)更广义的写法为

$$\begin{cases} u_C(t)=u_C(\infty)(1-\mathrm{e}^{-\frac{t}{RC}}) \\ i_L(t)=i_L(\infty)(1-\mathrm{e}^{-\frac{R}{L}t}) \end{cases} \tag{6-31}$$

式(6-31)中,R 为动态元件所接电阻网络的戴维南等效电路的等效电阻。

例 6-7　电路如图 6-23(a)所示,$t=0$ 时闭合开关,求 $t\geqslant 0$ 时的电感电流和电感电压。

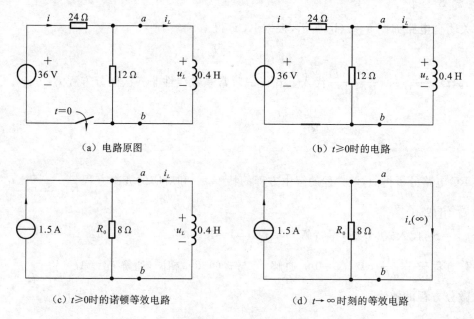

图 6-23　例 6-7 图

解　开关闭合后的电路如图 6-23(b)所示,由于开关闭合瞬间电感电压有界,而电感电流不能跃变,故 $i_L(0_+)=i_L(0_-)=0$。

（1）求时间常数 τ。

将图 6-23(b)中连接电感的含源电阻单口网络用诺顿等效电路代替，得到图 6-23(c)所示电路。由此电路求得时间常数为

$$\tau = \frac{L}{R_0} = \frac{0.4}{8}\ \text{s} = 0.05\ \text{s}$$

（2）求稳态值 $i_L(\infty)$。

当 $t \to \infty$ 时，电感相当于短路，得到 $t \to \infty$ 时的等效电路，如图 6-23(d)所示，可得 $i_L(\infty) = 1.5\ \text{A}$。

（3）求零状态响应。

将时间常数 τ 代入式(6-27)可得

$$i_L(t) = i_L(\infty)(1 - e^{-\frac{t}{\tau}}) = 1.5(1 - e^{-20t})\ \text{A} \quad (t \geqslant 0)$$

$$u_L(t) = L\frac{di_L}{dt} = 0.4 \times 1.5 \times 20e^{-20t}\ \text{V} = 12e^{-20t}\ \text{V} \quad (t > 0)$$

电阻中的电流 $i(t)$，可以根据图 6-23(b)所示的电路，用欧姆定律求得

$$i(t) = \frac{36 - 12e^{-20t}}{24}\ \text{A} = (1.5 - 0.5e^{-20t})\ \text{A}$$

6.5　一阶电路的全响应

当一阶电路的电容或电感的初始值不为零同时又有外施电源作用时，这时电路的响应称为一阶电路的全响应。

6.5.1　全响应的两种分解方式

下面讨论 RC 串联电路在直流电压源作用下的全响应。电路如图 6-24(a)所示，开关已在 1 端连接很久，$u_C(0_-) = U_0$。在 $t = 0$ 时，开关倒向 2 端。$t > 0$ 时的电路如图 6-24(b)所示。

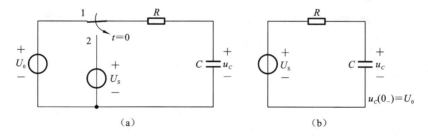

（a）　　　　　　　　　　　　（b）

图 6-24　RC 串联电路的全响应图

代入初始条件 $u_C(0_+) = U_0 = A + U_s$，求得

$$A = U_0 - U_s$$

$$u_C(t) = (U_0 - U_s)e^{-\frac{t}{RC}} + U_s$$

于是得到电容电压

$$u_C(t) = u_{Ch}(t) + u_{Cp}(t) = (U_0 - U_S)e^{-\frac{t}{\tau}} + U_S \tag{6-32}$$

或
$$u_C(t) = U_0 e^{-\frac{t}{\tau}} + U_S(1 - e^{-\frac{t}{\tau}}) \tag{6-33}$$

其中，$\tau = RC$。

对于图 6-21 所示的 RL 电路，如果电感中电流的初始值不为零，而是 I_0，则电感电流

$$i_L(t) = i_{Lh}(t) + i_{Lp}(t) = (I_0 - I_S)e^{-\frac{t}{\tau}} + I_S \tag{6-34}$$

或
$$i_L(t) = I_0 e^{-\frac{t}{\tau}} + I_S(1 - e^{-\frac{t}{\tau}}) \tag{6-35}$$

其中，$\tau = \dfrac{L}{R}$。

式(6-32)、式(6-34)中的第一项是微分方程的通解 $u_{Ch}(t)$、$i_{Lh}(t)$，称为电路的固有响应或自由响应。若时间常数 $\tau > 0$，则固有响应将随时间的延长而按指数规律衰减到零，在这种情况下，称它为瞬态响应。第二项是微分方程的特解 $u_{Cp}(t)$、$i_{Lp}(t)$，其变化规律一般与输入相同，称为强制响应。在直流输入时，当 $t \to \infty$ 时，$u_C(t) = u_{Cp}(t)$、$i_L(t) = i_{Lp}(t)$。这个强制响应称为直流稳态响应。即：全响应＝瞬态响应＋稳态响应。

式(6-33)、式(6-35)中的第一项是非零的初始状态单独作用引起的零输入响应，第二项是零初始状态下由外加激励(独立电源)单独作用引起的零状态响应。也就是说，电路的完全响应等于零输入响应与零状态响应之和。这是线性动态电路的一个基本性质，也是响应可以叠加的一种体现。即：全响应＝零输入响应＋零状态响应。

以上两种叠加的关系，可以用图 6-25 所示的波形图来表示。利用全响应的这两种分解方法，可以简化电路的分析计算，而实际电路存在的是电压电流的完全响应。

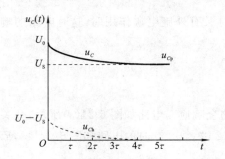 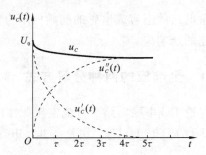

（a）全响应分解为瞬态响应与稳态响应之和　　（b）全响应分解为零输入响应与零状态响应之和

图 6-25　全响应波形图

例 6-8　电路如图 6-26(a)所示，$t = 0$ 时闭合开关，开关闭合前电路处于稳态，求 $t \geqslant 0$ 时的电容电压 $u_C(t)$。

解　电容电压 $u_C(t)$ 是由非零的初始状态与外加激励共同作用下的响应，根据线性动态电路的叠加性：全响应＝零输入响应＋零状态响应，可分别求解零状态响应 $u'_C(t)$ 和零输入响应 $u''_C(t)$。

（1）求 $t \geqslant 0$ 时的零状态响应 $u'_C(t)$，开关闭合后电路如图 6-26(b)所示。图 6-26(b)所示的电路的戴维南等效电路如图 6-26(c)所示。

根据戴维南定理有

$$u_{oc} = \left(36 \times \frac{6}{6+2}\right) \text{ V} = 27 \text{ V}$$

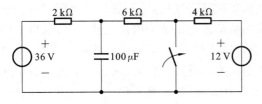

（a）电路原图

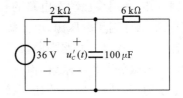

（b）$t \geqslant 0$时的电路

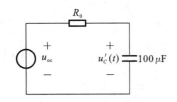

（c）零状态响应用图

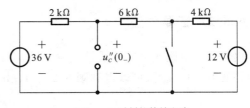

（d）$t=0_-$时刻的等效电路

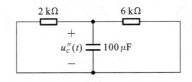

（e）零输入响应用图

图 6-26 例 6-8 图

$$R_0 = \left(\frac{6 \times 2}{6+2} \times 10^3 \right) \ \Omega = 1.5 \times 10^3 \ \Omega$$

故

$$u'_C(\infty) = u_{oc} = 27 \ \text{V}$$

$$\tau = R_0 C = (1.5 \times 10^3 \times 100 \times 10^{-6}) \ \text{s} = 0.15 \ \text{s}$$

代入式（6-27）可得零状态响应为

$$u'_C(t) = u'_C(\infty)(1 - e^{-\frac{t}{\tau}}) = 27(1 - e^{-\frac{t}{0.15}}) \ \text{V} \quad (t \geqslant 0)$$

（2）求 $t \geqslant 0$ 时的零状态响应 $u''_C(t)$。

由于 $t=0_-$ 时开关尚未闭合，电路处于直流稳态，电容相当于开路，可作 $t=0_-$ 时的电路如图 6-26（d）所示。当 $t=0$ 时，开关闭合后发生换路，根据换路定理，有

$$u''_C(0_+) = u''_C(0_-) = \left[36 - (36-12) \times \frac{2}{2+6+4} \right] \ \text{V} = 32 \ \text{V}$$

当零输入响应外加激励置零时，仅由初始状态带来响应，作零输入响应如图 6-26（e）所示。

$$u''_C(0_+) = 32 \ \text{V}$$

$$\tau = R_0 C = \left(\frac{6 \times 2}{6+2} \times 10^3 \times 100 \times 10^{-6} \right) \ \text{s} = 0.15 \ \text{s}$$

代入式（6-22）可得零输入响应为

$$u''_C(t) = u''_C(0_+)(1 - e^{-\frac{t}{\tau}}) = 32 e^{-\frac{t}{0.15}} \ \text{V} \quad (t \geqslant 0)$$

由全响应＝零输入响应＋零状态响应可得

$$u_C(t) = u'_C(t) + u''_C(t) = (27 + 5 e^{-\frac{t}{0.15}}) \ \text{V} \quad (t \geqslant 0)$$

　　由上例可知,利用线性动态电路的叠加性可以求出状态变量,然后利用置换定理将动态电路中的电容、电感分别用电压源、电流源置换,从而将动态电路变为电阻电路,即可求得电路中任一非状态变量。若仅对电路中的某些非状态变量感兴趣,可以针对这一非状态变量,根据两类约束关系列出微分方程来求解,但从工程应用的角度看,这一基本方法不够简便。三要素法适用于恒定激励下一阶电路中的任一状态变量或非状态变量,而且不仅适用于计算全响应,还适用于求解零输入响应和零状态响应。

6.5.2　三要素法

　　仅含一个电感或电容的线性一阶电路,将连接动态元件的线性电阻单口网络用戴维南和诺顿等效电路代替后,可以得到图 6-27(a)、(b)所示的等效电路。

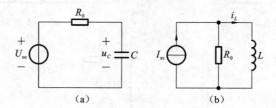

图 6-27　一阶电路的等效电路

　　图 6-27(a)所示的电路的微分方程和初始条件为

$$\begin{cases} R_0 C \dfrac{\mathrm{d}u_C(t)}{\mathrm{d}t} + u_C(t) = U_{oc} & (t \geqslant 0) \\ u_C(0_+) = U_0 \end{cases}$$

　　图 6-27(b)所示的电路的微分方程和初始条件为

$$\begin{cases} G_0 L \dfrac{\mathrm{d}i_L(t)}{\mathrm{d}t} + i_L(t) = I_{sc} & (t \geqslant 0) \\ i_L(0_+) = I_0 \end{cases}$$

　　上述两个微分方程可以表示为具有统一形式的微分方程,其形式为

$$\begin{cases} \tau \dfrac{\mathrm{d}f(t)}{\mathrm{d}t} + f(t) = A & (t \geqslant 0) \\ f(0_+) \end{cases}$$

　　其通解为

$$f(t) = f_h(t) + f_p(t) = K e^{-\frac{t}{\tau}} + A$$

　　如果 $\tau > 0$,在直流输入的情况下,$t \to \infty$ 时,$f_h(t) \to 0$,则有 $f(t) = f_p(t) = A = f(\infty)$,因而得到

$$f(t) = K e^{-\frac{t}{\tau}} + f(\infty)$$

　　由初始条件 $f(0_+)$,可以求得

$$K = f(0_+) - f(\infty)$$

于是得到全响应的一般表达式为

$$f(t) = [f(0_+) - f(\infty)] e^{-\frac{t}{\tau}} + f(\infty) \quad (t \geqslant 0) \tag{6-36}$$

其中,$\tau = R_0 C$,$\tau = L/R_0$。

这就是直流激励的 RC 一阶电路和 RL 中的任一响应的表达式（可以用叠加定理证明），其波形图如图 6-28 所示。由此可见，直流激励下一阶电路中任一响应总是从初始值 $f(0_+)$ 开始，并按照指数规律增长或衰减到稳态值 $f(\infty)$，其响应变化的快慢取决于电路的时间常数 τ。

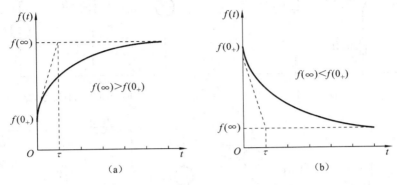

图 6-28　一阶电路中任一响应的波形图

由此可见，直流激励下一阶电路的全响应取决于 $f(0_+)$、$f(\infty)$ 和 τ 这三个要素。只要分别计算出这三个要素，就能够确定全响应，也就是说，根据公式可以写出响应的表达式以及画出图 6-28 那样的全响应曲线，而不必建立和求解微分方程。这种计算直流激励下一阶电路响应的方法称为三要素法。

用三要素法计算含一个电容或一个电感的直流激励一阶电路响应的一般步骤如下。

（1）计算初始值 $f(0_+)$。

① 根据 $t<0$ 时的电路，计算出 $t=0_-$ 时刻的电容电压 $u_C(0_-)$ 或电感电流 $i_L(0_-)$。

② 根据换路定则，即通过 $u_C(0_+)=u_C(0_-)$ 和 $i_L(0_+)=i_L(0_-)$ 确定电容电压或电感电流初始值。

③ 假如还要计算其他非状态变量的初始值，可以用数值为 $u_C(0_+)$ 的电压源替代电容或用数值为 $i_L(0_+)$ 的电流源替代电感后得出 $t=0_+$ 时刻的等效电路（直流电阻电路），在此电路中可计算出任一变量的初始值 $f(0_+)$。

（2）计算稳态值 $f(\infty)$。

电路在 $t\to\infty$ 时达到新的稳态，将电容元件视为开路，将电感元件视为短路，即得到稳态电路（直流电阻电路），在此电路中可计算出任一变量的稳态值 $f(\infty)$。

（3）计算时间常数 τ。

计算换路后电路中与电容或电感连接的线性电阻单口网络的输出电阻 R_0，即 R_0 等于从动态元件两端看进去的单口网络的戴维南（诺顿）等效电阻。然后用公式 $\tau=R_0C$ 或 $\tau=\dfrac{L}{R_0}$ 计算出时间常数。

（4）将 $f(0_+)$，$f(\infty)$ 和 τ 代入式（6-36）得到响应 $f(t)$ 的表达式。

例 6-9　如图 6-29(a) 所示的电路，已知 $t=0$ 时开关闭合，开关闭合前已经达到稳定状态，求 $t\geq0$ 时的电容电压 $u_C(t)$ 和电流 $i(t)$。

解　（1）求初始值 $u_C(0_+)$，$i(0_+)$。

由于开关闭合前电路已经稳定，此时电容可视为开路，作 $t=0_-$ 时刻的等效电路如图 6-29(b) 所示。求得 $u_C(0_-)=(20\times2-10)\text{ V}=30\text{ V}$，当 $t=0$ 时，S 闭合后发生换路，根据换路定

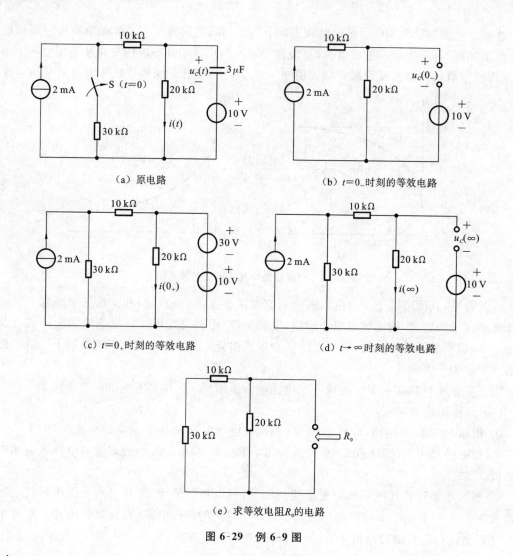

（a）原电路

（b）$t=0_-$时刻的等效电路

（c）$t=0_+$时刻的等效电路

（d）$t→∞$时刻的等效电路

（e）求等效电阻R_0的电路

图 6-29　例 6-9 图

理，有

$$u_C(0_+)=u_C(0_-)=30\text{ V}$$

$t=0_+$时刻电容可用大小为 30 V 的电压源置换，可得 $t=0_+$ 时刻的等效电路如图 6-29(c) 所示。求得 $i(0_+)=\dfrac{30+10}{20}\text{ mA}=2\text{ mA}$。

（2）求稳态值 $u_C(∞)$。

当开关闭合且 $t→∞$ 时，电容相当于开路，作 $t→∞$ 时刻的等效电路如图 6-29(d) 所示。

$$i(∞)=\frac{30}{30+10+20}×2\text{ mA}=1\text{ mA}$$

$$u_C(∞)=(20×1-10)\text{ V}=10\text{ V}$$

（3）求时间常数 $τ$。

$$τ=R_0C$$

R_0 等于从动态元件两端看进去的单口网络的戴维南（诺顿）等效电阻，电路如图 6-29(e) 所示。

$$R_0 = \frac{40 \times 20}{40 + 20} \text{ k}\Omega = \frac{40}{3} \text{ k}\Omega$$

则

$$\tau = R_0 C = \frac{40}{3} \times 10^3 \times 3 \times 10^{-6} \text{ s} = 0.04 \text{ s}$$

（4）求全响应。

$$u_C(t) = u_C(\infty) + [u_C(0_+) - u_C(\infty)] e^{-\frac{t}{\tau}} = (10 + 20 e^{-25t}) \text{ V} \quad (t \geqslant 0)$$

$$i(t) = i(\infty) + [i(0_+) - i(\infty)] e^{-\frac{t}{\tau}} = (1 + e^{-25t}) \text{ mA} \quad (t > 0)$$

$i(t)$ 还可用公式 $i(t) = \dfrac{u_C(t) + 10 \text{ V}}{20 \text{ k}\Omega} = (1 + e^{-25t}) \text{ mA}(t > 0)$ 求得，这样就可以不用求解

$i(0_+)$ 及 $i(\infty)$ 了。

例 6-10 如图 6-30(a)所示电路，已知 $t = 0$ 时开关闭合，开关闭合前电路已经达到稳定
状态，求 $t \geqslant 0$ 时的 $i(t)$ 和 $u(t)$。

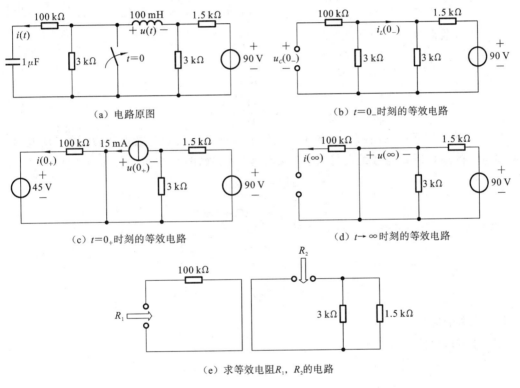

（a）电路原图   （b）$t = 0_-$ 时刻的等效电路

（c）$t = 0_+$ 时刻的等效电路   （d）$t \to \infty$ 时刻的等效电路

（e）求等效电阻 R_1，R_2 的电路

图 6-30 例 6-10 图

解 （1）求初始值 $i(0_+)$，$u(0_+)$。

由于开关闭合前电路已经稳定，此时电容可视为开路，电感可视为短路。作 $t = 0_-$ 时刻的
等效电路如图 6-30(b)所示。求得

$$u_C(0_-) = 90 \times \frac{\frac{3 \times 3}{3 + 3}}{\frac{3 \times 3}{3 + 3} + 1.5} \text{ V} = 45 \text{ V} \quad i_L(0_-) = -\frac{90}{\frac{3 \times 3}{3 + 3} + 1.5} \times \frac{1}{2} \text{ mA} = -15 \text{ mA}$$

当 $t = 0$ 时，S 闭合后发生换路，根据换路定理，有

$$u_C(0_+) = u_C(0_-) = 45 \text{ V}$$

$$i_L(0_+) = i_L(0_-) = -15 \text{ mA}$$

在 $t = 0_+$ 时刻,电容可用大小为 45 V 的电压源置换,电感可用大小为 15 mA 的电流源置换,可得 $t = 0_+$ 时刻的等效电路如图 6-30(c)所示,可求得

$$i(0_+) = -\frac{45}{100} \text{ mA} = -0.45 \text{ mA}$$

$$u(0_+) = \left(-90 \times \frac{2}{3} + 15 \times \frac{3 \times 1.5}{3 + 1.5}\right) \text{ V} = -45 \text{ V}$$

(2) 求稳态值 $i(\infty), u(\infty)$。

当开关闭合且 $t \to \infty$ 时,电路再次达到稳态,电容相当于开路,电感相当于短路,作 $t \to \infty$ 时刻的等效电路如图 6-30(d)所示,可得

$$i(\infty) = 0$$

$$u_C(\infty) = 0$$

(3) 求时间常数 τ_1, τ_2。

τ_1, τ_2 的计算为

$$\tau_1 = R_1 C$$

$$\tau_2 = \frac{L}{R_2}$$

R_1 等于从电容元件两端看进去的单口网络的戴维南(诺顿)等效电阻,R_2 等于从电感元件两端看进去的单口网络的戴维南(诺顿)等效电阻,电路如图 6-30(e)所示,可得

$$R_1 = 100 \text{ k}\Omega$$

$$R_2 = \frac{1.5 \times 3}{1.5 + 3} \text{ k}\Omega = 1 \text{ k}\Omega$$

则

$$\tau_1 = R_1 C = 100 \times 10^3 \times 1 \times 10^{-6} \text{ s} = 0.1 \text{ s}$$

$$\tau_2 = \frac{L}{R_2} = \frac{100 \times 10^{-3}}{1 \times 10^3} \text{ s} = 10^{-4} \text{ s}$$

(4) 求全响应。

$i(t)$ 与 $u(t)$ 的计算为

$$i(t) = i(\infty) + [i(0_+) - i(\infty)] e^{-\frac{t}{\tau}} = -0.45 e^{-10t} \text{ mA} \quad (t > 0)$$

$$u(t) = u_C(\infty) + [u_C(0_+) - u_C(\infty)] e^{-\frac{t}{\tau}} = -45 e^{-10^4 t} \text{ V} \quad (t > 0)$$

例 6-11 如图 6-31(a)所示电路,已知 $t = 0$ 时开关闭合,开关闭合前电路已经达到稳定状态,求 $t \geqslant 0$ 时的电容电压 $u_C(t)$。

解 (1) 求初始值 $u_C(0_+)$。

由于开关闭合前电路已经稳定,此时电容可视为开路,作 $t = 0_-$ 时刻的等效电路如图 6-31(b)所示。可得

$$\frac{u_1}{2} = 1.5 + 2u_1$$

解得 $u_1 = -1$ V。可由此计算 $u_C(0_-)$ 如下

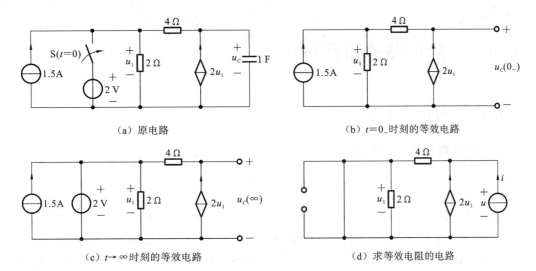

（a）原电路　　　　　　　　　　　　　　　（b）$t=0_-$ 时刻的等效电路

（c）$t \to \infty$ 时刻的等效电路　　　　　　　（d）求等效电阻的电路

图 6-31　例 6-11 图

$$u_C(0_-) = 4 \times 2u_1 + u_1 = 9u_1 = -9 \text{ V}$$

当 $t=0$ 时，S 闭合后发生换路，根据换路定理，有

$$u_C(0_+) = u_C(0_-) = -9 \text{ V}$$

（2）求稳态值 $u_C(\infty)$。

当开关闭合且 $t \to \infty$ 时，电容相当于开路，作 $t \to \infty$ 时刻的等效电路如图 6-31（c）所示。可得

$$u_C(\infty) = 4 \times 2u_1 + u_1 = 9u_1$$

开关闭合后，$u_1 = 2 \text{ V}$。可得

$$u_C(\infty) = 9u_1 = (9 \times 2) \text{ V} = 18 \text{ V}$$

（3）求时间常数 τ。

$$\tau = R_0 C$$

R_0 等于从动态元件两端看进去的单口网络的戴维南（诺顿）等效电阻，电路如图 6-31（d）所示。用外施电流源法求 R_0。

由于 $u_1 = 0$，$u = 4i$，可得 $R_0 = 4 \ \Omega$，则

$$\tau = R_0 C = (4 \times 1) \text{ s} = 4 \text{ s}$$

（4）求全响应。

$$u_C(t) = u_C(\infty) + [u_C(0_+) - u_C(\infty)] e^{-\frac{t}{\tau}} = (18 - 27e^{-0.25t}) \text{ V} \quad (t \geqslant 0)$$

三要素法是依据一阶电路在恒定激励源下的响应规律总结出来的简单分析方法。这种方法只有在下列两个条件都成立时才可应用：

① 电路为一阶电路；

② 激励是恒定的。

当激励信号随时间变化时，如激励为阶跃函数或冲激函数，则不能应用三要素法进行求解，接下来的两节将针对这两种情况进行分析。

6.6 一阶电路的阶跃响应

6.6.1 单位阶跃函数

单位阶跃函数是一种奇异函数,如图 6-32(a)所示,其数学定义如下

$$\varepsilon(t)=\begin{cases}0 & t\leqslant 0\\1 & t\geqslant 0\end{cases} \tag{6-37}$$

单位阶跃函数的跃变量在 $t=0$ 处,其函数值未定义。它可以用来描述开关动作,表示电路在 $t=0$ 时刻发生换路,是最接近理想模型的开关信号,所以有时也称为开关函数。

若单位阶跃函数的跃变点在 $t=t_0$(t_0 为正实常数)处,则称其为延迟的单位阶跃函数,它可以表示为

$$\varepsilon(t-t_0)=\begin{cases}0 & t\leqslant t_0\\1 & t\geqslant t_0\end{cases} \tag{6-38}$$

如图 6-32(b)所示,$\varepsilon(t-t_0)$ 起作用的时间比 $\varepsilon(t)$ 滞后了 t_0,可看作是 $\varepsilon(t)$ 在时间轴上向后移动了一段时间 t_0,称之为延迟的单位阶跃函数。类似的,也有如图 6-29(c)所示的超前的单位跃函数。

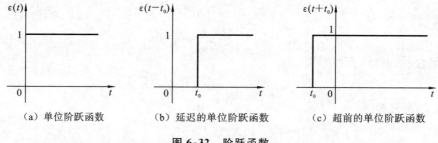

(a)单位阶跃函数　　　　(b)延迟的单位阶跃函数　　　　(c)超前的单位阶跃函数

图 6-32 阶跃函数

当直流电压源或直流电流源通过一个开关的作用施加到某个电路时,有时可以表示为一个阶跃电压或阶跃电流作用于该电路。

例如对于图 6-33(a)所示的开关电路,就其端口所产生的电压波形 $u(t)$ 来说,等效于图 6-33(b)所示的阶跃电压源 $U_0\varepsilon(t)$。对于图 6-33(c)所示的开关电路,就其端口所产生的电流波形 $i(t)$ 来说,等效于图 6-33(d)所示的阶跃电流源 $I_0\varepsilon(t)$。

与此相似,图 6-33(e)所示的电路等效于图 6-33(f)所示的阶跃电压源 $U_0\varepsilon(-t)$;图 6-33(g)所示的电路等效于图 6-33(h)所示的阶跃电流源 $I_0\varepsilon(-t)$。引入阶跃电压源和阶跃电流源,可以省去电路中的开关,使对电路的分析和研究更加方便,下面举例加以说明。

例 6-12 电路如图 6-34(a)所示,求 $t\geqslant 0$ 时电感电流 $i_L(t)$。

解 图 6-34(a)所示的电路中的阶跃电压源为 $10\varepsilon(-t)$ V,等效于开关 S_1 将 10 V 电压源与电路断开;阶跃电流源为 $2\varepsilon(t)$ A,等效于开关 S_2 将 2 A 电流源接入电路,如图 6-34(b)所示。就电感电流来说,图 6-34(a)和图 6-34(b)是等效的。根据图 6-34(b)所示的电路,用三要

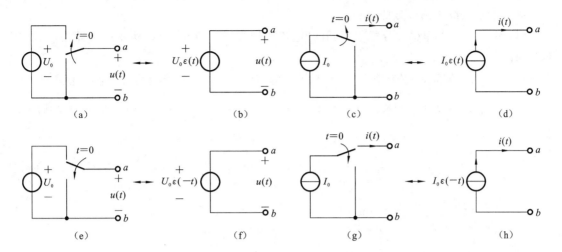

图 6-33　用阶跃函数表示开关电路

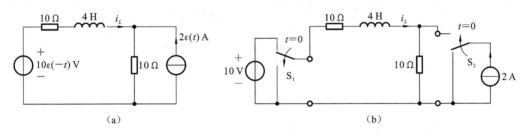

图 6-34　例 6-12 图

素法容易求得电感电流 $i_L(t)$。

（1）计算电感电流的初始值 $i_L(0_+)$。

$$i_L(0_+)=i_L(0_-)=\frac{10}{(10+10)}\ \text{A}=0.5\ \text{A}$$

（2）计算电感电流的稳态值 $i_L(\infty)$。

$$i_L(\infty)=\frac{-10}{10+10}\times 2\ \text{A}=-1\ \text{A}$$

（3）计算电路的时间常数 τ。

$$\tau=\frac{L}{R_0}=\frac{0.1}{(10+10)}\ \text{s}=0.005\ \text{s}=5\ \text{ms}$$

（4）根据三要素公式写出电感电流的表达式。

$$i_L(t)=\{[0.5-(-1)]\text{e}^{-200t}-1\}\ \text{A}=(1.5\text{e}^{-200t}-1)\ \text{A}\quad(t\geqslant 0)$$

此题说明如何用三要素法来计算含有阶跃电压源和阶跃电流源的电路。

6.6.2　单位阶跃响应

电路在单位阶跃函数激励源作用下产生的零状态响应称为单位阶跃响应，用 $s(t)$ 表示。

例 6-13　求如图 6-35(a) 所示的电路在图 6-35(b) 所示的脉冲电流作用下的零状态响应 $i_L(t)$。

解 本题可以用两种方法求解。

(1) 将电路的工作过程分段求解,脉冲电流作用可视为图 6-35(c)所示的电路中的开关 S 动作两次。

在 $0<t<1$ s 期间,电流源作用于电路,电流源电流 $i_S=1.5$ A,电感电流的初始值 $i_L(0_+)=i_L(0_-)=0$,电路为零状态响应。求得 $i_L(\infty)=1.5$ A,$\tau=\dfrac{L}{R}=\dfrac{1}{3}$ s。代入三要素公式可得

$$i_L(t)=1.5(1-\mathrm{e}^{-3t}) \text{ A} \quad (0\leqslant t\leqslant 1)$$

在 $t>1$ s 期间,电路为零输入响应,$i_L(1_+)=i_L(1_-)=1.5(1-\mathrm{e}^{-3})$ A,$i_L(\infty)=0$,$\tau=\dfrac{L}{R}=\dfrac{1}{3}$ s。代入三要素公式可得

$$i_L(t)=1.5(1-\mathrm{e}^{-3})\mathrm{e}^{-3(t-1)} \text{ A} \quad (1<t)$$

$i_L(t)$ 的波形图如图 6-35(d)所示。

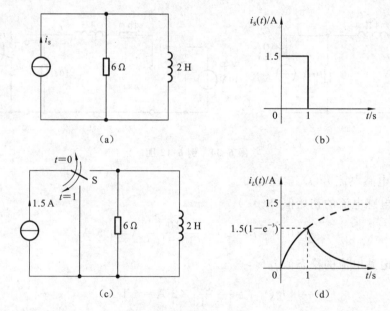

(a)   (b)

(c)   (d)

图 6-35 例 6-13 图

(2) 用阶跃函数表示激励,求阶跃响应。

矩形脉冲电流 $i_S(t)$ 可看作是两个阶跃电流之和,即

$$i_S(t)=[1.5\varepsilon(t)-1.5\varepsilon(t-1)] \text{ A}$$

求该电路在单位阶跃函数激励源作用下的阶跃响应为

$$s(t)=(1-\mathrm{e}^{-3t})\varepsilon(t)$$

由零状态响应的线性性质以及叠加原理可得,$i_S(t)=1.5\varepsilon(t)-1.5\varepsilon(t-1)$ 作用下的零状态响应为 $1.5\varepsilon(t)-1.5\varepsilon(t-1)$,即

$$i_L(t)=[1.5(1-\mathrm{e}^{-3t})\varepsilon(t)-1.5(1-\mathrm{e}^{-3(t-1)})\varepsilon(t-1)] \text{ A}$$
$$=1.5(1-\mathrm{e}^{-3})\mathrm{e}^{-3(t-1)} \text{ A} \quad (1<t)$$

6.7 一阶电路的冲激响应

6.7.1 单位冲激函数

单位冲激函数也是一种奇异函数,其数学定义如下

$$\begin{cases} \int_{-\infty}^{\infty} \delta(t)\mathrm{d}t = 1 \\ \delta(t) = 0 \quad (t \neq 0) \end{cases} \tag{6-39}$$

单位冲激函数又叫 δ 函数,如图 6-36(a)所示,箭头旁边注明"1"。强度为 K 的冲击函数,箭头旁边注明"K"。图 6-36(b)表示一个强度为 K,发生在 t_0 时刻的冲激函数,用 $K\delta(t-t_0)$ 表示。

单位冲激函数 $\delta(t)$ 可以看作是单位脉冲函数的极限情况。描述在实际电路切换过程中,可能出现的一种特殊形式的脉冲——在极短的时间内表示为非常大的电流或电压。它可以看作是单位脉冲函数的极限情况。

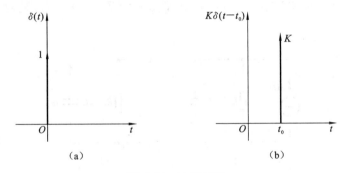

图 6-36 冲激函数

冲激函数具有如下两个性质。

(1) 单位冲激函数 $\delta(t)$ 对时间 t 的积分等于单位阶跃函数 $\varepsilon(t)$,即

$$\int_{-\infty}^{t} \delta(\xi)\mathrm{d}\xi = \varepsilon(t) \tag{6-40}$$

反之,阶跃函数 $\varepsilon(t)$ 对时间 t 的一阶导数等于冲激函数 $\delta(t)$,即

$$\frac{\mathrm{d}\varepsilon(t)}{\mathrm{d}t} = \delta(t) \tag{6-41}$$

由于阶跃函数与冲激函数之间有上述关系,因此,线性电路中的阶跃响应与冲激响应之间也具有一个重要关系。如果以 $s(t)$ 表示某一电路的阶跃响应,而 $h(t)$ 为同一电路的冲激响应,则两者之间存在下列数学关系

$$\begin{cases} \int_{-\infty}^{t} h(t)\mathrm{d}t = s(t) \\ \dfrac{\mathrm{d}s(t)}{\mathrm{d}t} = h(t) \end{cases} \tag{6-42}$$

(2) 单位冲激函数的"筛分"性质。

由于当 $t \neq 0$ 时，$\delta(t) = 0$，所以对任意在 $t = 0$ 时连续的函数 $f(t)$，都有 $f(t)\delta(t) = f(0)\delta(t)$，则

$$\int_{-\infty}^{\infty} f(t)\delta(t)\,\mathrm{d}t = \int_{-\infty}^{\infty} f(0)\delta(t)\,\mathrm{d}t = f(0)\int_{-\infty}^{\infty} \delta(t)\,\mathrm{d}t = f(0) \tag{6-43}$$

同理，对于一个在 $t = t_0$ 时连续的函数 $f(t)$，有

$$f(t)\delta(t - t_0) = f(t_0)\delta(t - t_0)$$

$$\int_{-\infty}^{\infty} f(t)\delta(t - t_0)\,\mathrm{d}t = f(t_0) \tag{6-44}$$

由此可见，冲激函数能够将一个函数在某一个时刻的值 $f(t_0)$ 筛（挑）选出来，称之为筛分性质，又称取样性质。如

$$\int_{-\infty}^{+\infty} 2\sin\pi t\,\delta\left(t - \frac{1}{3}\right)\,\mathrm{d}t = \int_{-\infty}^{+\infty} 2\sin\pi t\,\Big|_{t=\frac{1}{3}}\,\delta\left(t - \frac{1}{3}\right)\,\mathrm{d}t = 2\sin\pi t\,\Big|_{t=\frac{1}{3}} = \sqrt{3}$$

6.7.2 单位冲激响应

电路在单位冲激函数作用下产生的零状态响应称为单位冲激响应，用 $h(t)$ 表示。

1. RC 电路的冲激响应

如图 6-37(a) 所示的 RC 电路，$u_C(0_-) = 0$，仅在电流源 $i_S(t) = \delta(t)$ 激励下的电路响应，即为冲激响应 $h(t)$。

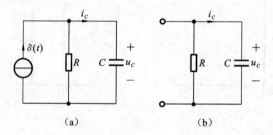

图 6-37　RC 电路的冲激响应

根据 KCL 和元件的伏安关系，可列电路方程如下

$$C\frac{\mathrm{d}u_C}{\mathrm{d}t} + \frac{u_C}{R} = \delta(t)$$

其中，$u_C(0_-) = 0$。

将上式从 0_- 到 0_+ 时间间隔内积分，有

$$\int_{0_-}^{0_+} C\frac{\mathrm{d}u_C}{\mathrm{d}t}\,\mathrm{d}t + \int_{0_-}^{0_+} \frac{u_C}{R}\,\mathrm{d}t = \int_{0_-}^{0_+} \delta(t)\,\mathrm{d}t$$

如果 u_C 为冲激函数，则 $i_R\left(i_R = \dfrac{u_C}{R}\right)$ 也为冲激函数，而 $i_C = C\dfrac{\mathrm{d}u_C}{\mathrm{d}t}$ 将为冲激函数的一阶导数，则上式不能成立，故 u_C 不可能为冲激函数，而 u_C 为有限值，因此上式中第二项积分应为零，所以有

$$C[u_C(0_+) - u_C(0_-)] = 1$$

即

$$u_C(0_+) = \frac{1}{C}$$

而当 $t>0$ 时,冲激函数的值为 0,此时电流源相当于开路,如图 6-37(b)所示。电路的响应成为由电容元件的初始储能产生的零输入响应。此时电路方程为

$$C\frac{\mathrm{d}u_C}{\mathrm{d}t}+\frac{u_C}{R}=0$$

则方程的解为

$$h(t)=u_C(t)=u_C(0_+)\mathrm{e}^{-\frac{t}{\tau}}=\frac{1}{C}\mathrm{e}^{-\frac{t}{\tau}}\varepsilon(t) \tag{6-45}$$

其中,$\tau=RC$ 为时间常数。

在此电路中,电容电压发生跃变,而电容电流 i_C 可表示为

$$i_C=C\frac{\mathrm{d}u_C}{\mathrm{d}t}=\mathrm{e}^{-\frac{t}{\tau}}\delta(t)-\frac{1}{\tau}\mathrm{e}^{-\frac{t}{\tau}}\varepsilon(t)=\delta(t)-\frac{1}{RC}\mathrm{e}^{-\frac{t}{RC}}\varepsilon(t) \tag{6-46}$$

u_C 和 i_C 的波形如图 6-38 所示。其中,电容电流在 $t=0$ 时有一个冲激电流,正是该电流使得电容电压在此瞬间由 0 跃变到 $\frac{1}{C}$。

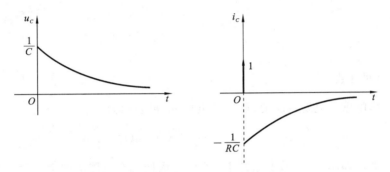

图 6-38 u_C 和 i_C 的波形图

2. RL 电路的冲激响应

如图 6-39(a)所示的 RL 电路,$i_L(0_-)=0$,仅在电流源 $u_S(t)=\delta(t)$ 激励下的电路响应,即为冲激响应 $h(t)$。

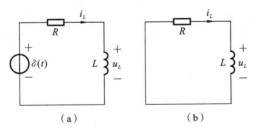

图 6-39 RL 电路的冲激响应

根据 KVL 和元件的伏安关系,可列电路方程如下

$$L\frac{\mathrm{d}i_L}{\mathrm{d}t}+Ri_L=\delta(t)$$

其中,$i_L(0_-)=0$。

将上式从 0_- 到 0_+ 时间间隔内积分,有

$$\int_{0_-}^{0_+} L \frac{di_L}{dt} dt + \int_{0_-}^{0_+} Ri_L dt = \int_{0_-}^{0_+} \delta(t) dt$$

如果 i_L 为冲激函数，则 $u_R(u_R = Ri_L)$ 也为冲激函数，而 $u_L = L\frac{di_L}{dt}$ 将为冲激函数的一阶导数，则上式不能成立，故 i_L 不可能为冲激函数，而 i_L 为有限值，因此上式中第二项积分应为零，所以有

$$L[i_L(0_+) - i_L(0_-)] = 1$$

即

$$i_L(0_+) = \frac{1}{L}$$

而当 $t > 0$ 时，冲激函数的值为 0，此时电压源相当于短路，如图 6-39(b)所示。电路的响应成为由电感元件的初始储能产生的零输入响应。此时电路方程为

$$L\frac{di_L}{dt} + Ri_L = 0$$

则方程的解为

$$h(t) = i_L(t) = i_L(0_+)e^{-\frac{t}{\tau}} = \frac{1}{L}e^{-\frac{t}{\tau}}\varepsilon(t) \tag{6-47}$$

其中，$\tau = \dfrac{L}{R}$ 为时间常数。

在此电路中，电感电流发生跃变，而电感电压 u_L 可表示为

$$u_L = L\frac{di_L}{dt} = e^{-\frac{t}{\tau}}\delta(t) - \frac{1}{\tau}e^{-\frac{t}{\tau}}\varepsilon(t) = \delta(t) - \frac{R}{L}e^{-\frac{R}{L}t}\varepsilon(t) \tag{6-48}$$

i_L 和 u_L 的波形如图 6-40 所示。其中，在 $t = 0$ 瞬间加在电感上的是一个无穷大的冲激电压，正是该电压使得电感电流在此瞬间由 0 跃变到 $\dfrac{1}{L}$。

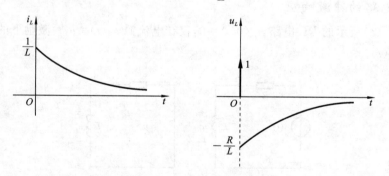

图 6-40 i_L 和 u_L 的波形图

例 6-14 如图 6-41(a)所示的电路，$i_L(0_-) = 0$，$R_1 = R_2 = 40\ \Omega$，$R_3 = 10\ \Omega$，$L = 2\ \text{H}$，试求电路的冲激响应 i_L。

解 应用戴维南定理将图 6-41(a)等效为图 6-41(b)所示电路。其中

$$u_{oc} = \frac{R_2}{R_1 + R_2}\delta(t) = \frac{1}{2}\delta(t)\ \text{V}$$

$$R_0 = R_1 /\!/ R_2 + R_3 = (20 + 10)\ \Omega = 30\ \Omega$$

根据图 6-41(b)电路列方程为

$$L\frac{\mathrm{d}i_L}{\mathrm{d}t}+R_0 i_L=\frac{1}{2}\delta(t)$$

将上式从 0_- 到 0_+ 时间间隔内积分，有

$$\int_{0_-}^{0_+}L\frac{\mathrm{d}i_L}{\mathrm{d}t}\mathrm{d}t+\int_{0_-}^{0_+}R_0 i_L\mathrm{d}t=\int_{0_-}^{0_+}\frac{1}{2}\delta(t)\mathrm{d}t$$

$L[i_L(0_+)-i_L(0_-)]=\frac{1}{2}$，由 $i_L(0_-)=0$ A，

$L=2$ H 得 $i_L(0_+)=\frac{1}{4}$ A。

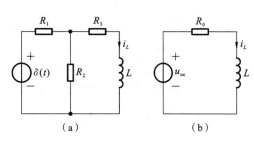

图 6-41　例 6-14 图

时间常数为

$$\tau=\frac{L}{R_0}=\frac{2}{30}\text{ s}=\frac{1}{15}\text{ s}$$

冲激响应为

$$i_L=i_L(0_+)\mathrm{e}^{-\frac{t}{\tau}}\varepsilon(t)=\frac{1}{4}\mathrm{e}^{-15t}\varepsilon(t)\text{ A}$$

本题还可以利用 $h(t)=\dfrac{\mathrm{d}s(t)}{\mathrm{d}t}$，先求解阶跃响应 $s(t)$，再对其求导数得到冲激响应 $h(t)$。

当电压源电压为 $\varepsilon(t)$ 时，图 6-41(b)所示电路中的 $u_{oc}=\dfrac{R_2}{R_1+R_2}\varepsilon(t)=\dfrac{1}{2}\varepsilon(t)$，则阶跃响应为

$$s(t)=\frac{1}{2}\times\frac{1}{R_0}(1-\mathrm{e}^{-15t})\varepsilon(t)=\frac{1}{60}(1-\mathrm{e}^{-15t})\varepsilon(t)$$

冲激响应为

$$h(t)=\frac{\mathrm{d}s(t)}{\mathrm{d}t}=\frac{1}{60}\frac{\mathrm{d}}{\mathrm{d}t}[\varepsilon(t)-\mathrm{e}^{-15t}\varepsilon(t)]\text{ A}$$

$$=\frac{1}{60}[\delta(t)-\mathrm{e}^{-15t}\delta(t)+15\mathrm{e}^{-15t}\varepsilon(t)]\text{ A}$$

$$=\frac{1}{60}\times15\mathrm{e}^{-15t}\varepsilon(t)\text{ A}=\frac{1}{4}\mathrm{e}^{-15t}\varepsilon(t)\text{ A}$$

习　题　6

6-1　0.2 F 电容的电流如题 6-1 图所示，若电容电压初始值为零，试计算电容电压 $u_C(t)$，并绘制电压波形。

6-2　如题 6-2 图所示电路中，已知两个电容在开关闭合前一瞬间的电压分别为 $u_{C1}(0_-)=0$ V，$u_{C2}(0_-)=8$ V，试求在开关闭合后的一瞬间，电容电压 $u_{C1}(0_+)$，$u_{C2}(0_+)$。

6-3　电路如题 6-3(a)图所示，已知 $L=0.2$ mH 的电感电压波形如题 6-3(b)图所示，试求电感电流。

6-4　如题 6-4 图所示电路中，开关闭合已经很久，$t=0$ 时断开开关，试求开关转换前和转换后瞬间的电容电压 $u_C(0_+)$ 和电感电流 $i_L(0_+)$。

6-5　如题 6-5 图所示电路中，开关闭合前电路已经达到稳定状态，求开关转换后的 $u(0_+)$ 和 $i(0_+)$。

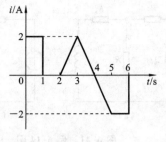

题 6-1 图

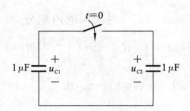

题 6-2 图

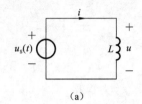

（a）   （b）

题 6-3 图

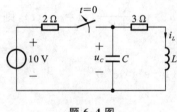

题 6-4 图

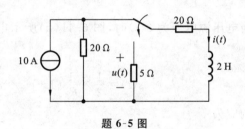

题 6-5 图

6-6　电路如题 6-6 图所示，$u_C(0)=5$ V，求 $t\geqslant 0$ 时的 $u_C(t),u_R(t)$。

6-7　电路如题 6-7 图所示，开关连接至 1 端已经很久，在 $t=0$ 时开关由 1 端倒向 2 端。求 $t\geqslant 0$ 时的电感电流 $i_L(t)$ 和电感电压 $u_L(t)$。

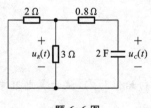

题 6-6 图

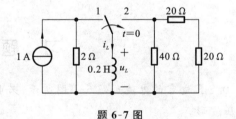

题 6-7 图

6-8　电路如题 6-8 图所示，$u_C(0)=6$ V，求 $t\geqslant 0$ 时的 $u_C(t),u_{ab}(t)$。

6-9　电路如题 6-9 图所示，开关在 $t=0$ 时闭合，闭合前电路已处于稳态，试求 $t\geqslant 0$ 时的 $u_L(t),i_L(t)$。

6-10　如题 6-10 图所示电路中，电容电压初始值为零，各电源均在 $t=0$ 时开始作用于电路，试求 $t\geqslant 0$ 时的 $i(t)$。

6-11　电路如题 6-11 图所示，开关在 $t=0$ 时闭合，闭合前电路已处于稳态，试求 $t\geqslant 0$ 时的 $i_L(t)$。

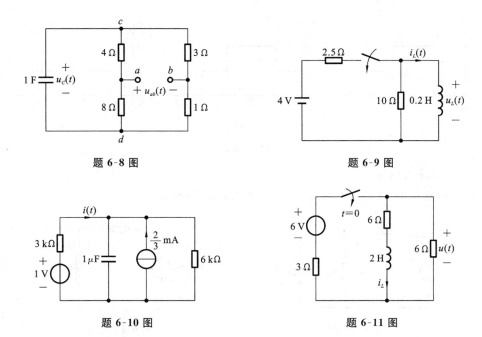

题 6-8 图   题 6-9 图

题 6-10 图   题 6-11 图

6-12 电路如题 6-12 图所示，$t=0$ 时开关断开，断开前电路已处于稳态。试求 $t \geqslant 0$ 时的电感电流 $i_L(t)$ 和电感电压 $u_L(t)$。

6-13 如题 6-13 图所示电路原处于稳定状态。$t=0$ 时开关闭合，求 $t \geqslant 0$ 时的电容电压 $u_C(t)$ 和电流 $i(t)$，并画出波形图。

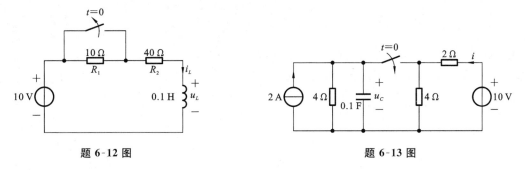

题 6-12 图   题 6-13 图

6-14 电路如题 6-14 图所示，开关在 $t=0$ 时闭合，闭合前电路已处于稳态，试求 $t \geqslant 0$ 时的电容电压 $u_C(t)$ 和电流 $i(t)$。

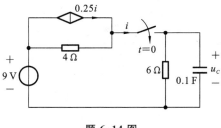

题 6-14 图

6-15 用阶跃函数分别表示如题 6-15 图所示的函数 $f(t)$。

6-16 如题 6-16 图所示电路中，试求：(1) 电容电压 $u_C(t)$ 的单位阶跃响应；(2) 电容电

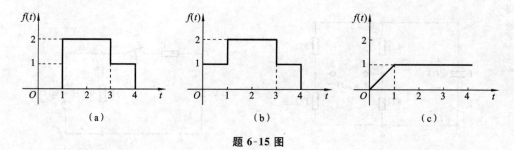

题 6-15 图

压 $u_C(t)$ 的单位冲激响应。

6-17 如题 6-17 图所示的电路中，试求电流 $i_L(t)$ 的响应。

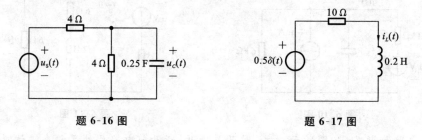

题 6-16 图　　　　　　题 6-17 图

第 7 章 相量法基础

后面的章节主要讨论线性时不变电路在正弦信号作用下的稳态响应。当激励是单频正弦信号时,强制响应是与激励同频率的正弦量,即为稳态响应。当电路进入稳态后,电路中任一电压、电流均随时间按与激励同频率的正弦量规律变化。此时将电路的工作状态称为正弦稳态,处于正弦稳态的电路称为正弦稳态电路。分析和求解正弦稳态电路的响应称为正弦稳态分析。

正弦稳态电路的求解从数学的角度来说就是求解电路微分方程的特解,但对于用常微分方程的经典求解法求解,其过程很烦琐且不易计算。本章将介绍一种正弦稳态电路求解的简便方法——相量法。在相量法中,电路中的正弦量用相量(复数)表示,将正弦量的运算变换为复数的运算,从而将电路中微分方程的求解问题变换为复系数代数方程的求解问题。

本章介绍正弦稳态分析的相量法,其主要内容包括正弦量、复数、相量表示法。

7.1 正弦量

本节将介绍正弦量的三要素、相位差和有效值等概念。

正弦量可以用函数表达式和波形图来表示。正弦量的数学描述可以使用 sin 函数或cos函数,本书统一采用cos函数,以正弦电流为例,其函数表达式为

$$i = I_m \cos(\omega t + \varphi_i)$$

波形图如图 7-1 所示。

正半波表示电流的实际方向与参考方向一致;负半波表示电流的实际方向与参考方向相反。正弦量的特征可以用幅值、角频率和初相位来确定,它们被称为正弦量的三要素。其中,幅值表示正弦量变化的幅度大小,角频率表示正弦量变化的快慢,初相位表示正弦量的初始位置。如果能确定这三个要素就可以确定一个正弦信号。

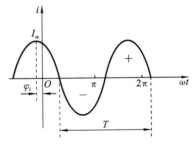

图 7-1 正弦电流的波形图

1. 周期、频率和角频率

周期、频率和角频率反映了正弦信号变化的快慢。正弦信号循环一次所需要的时间称为周期,用 T 表示,国际单位制为秒(s)。单位时间内正弦信号循环的次数称为频率,用 f 表示,国际单位制为赫兹(Hz)。正弦信号每经过一个周期,对应的角度变化了 2π 弧度,所以,角频率 ω 与周期 T 和频率 f 有如下关系

$$\omega T = 2\pi, \quad \omega = 2\pi f, \quad f = \frac{1}{T}$$

其中,ω 称为正弦信号的角频率,表示正弦信号在单位时间内变化的角度,国际单位制为弧度/

秒(rad/s)。

我国和大多数国家都采用 50 Hz 频率作为电力标准频率,美国和日本采用 60 Hz,这种频率在工业上被广泛应用,习惯上称其为工频。工程中还常以频率区分电路,如音频电路、高频电路等。

2. 瞬时值、幅值和有效值

正弦信号在任一瞬间的值称为瞬时值,电压、电流的瞬时值分别用小写字母 u、i 表示。

正弦信号是一个等幅振荡的、正负交替变换的周期函数,幅值反映正弦信号变化的幅度,为正弦信号在整个振荡过程中的最大值,即正弦信号的振幅,幅值用大写字母加下标 m 来表示,如 U_m、I_m。

实际应用中常用有效值表征正弦信号的大小。有效值的定义为:正弦电流或电压在一个周期内通过某一个电阻 R 产生的热量与一直流电流 I 或直流电压 U 在相同的时间内通过相同的电阻产生的热量相等,那么这个直流电流 I 或电压 U 就是正弦交流电流 i 或电压 u 的有效值。用公式表示为

$$\int_0^T i^2 R dt = I^2 R T$$

可得正弦电流 i 的有效值为

$$I = \sqrt{\frac{1}{T}\int_0^T i^2 dt} \tag{7-1}$$

从式(7-1)中可以看出,正弦电流的有效值等于它的瞬时值平方在一个周期内积分的平均值取平方根,因此有效值又称为方均根值。

将 $i = I_m\cos(\omega t + \varphi_i)$ 代入式(7-1)可得

$$I = \sqrt{\frac{1}{T}\int_0^T I_m^2 \cos^2(\omega t + \varphi_i)dt} = \sqrt{\frac{1}{T}I_m^2 \int_0^T \cos^2(\omega t + \varphi_i)dt}$$

因为

$$\int_0^T \cos^2(\omega t + \varphi)dt = \int_0^T \frac{1+\cos(\omega t + \varphi)}{2}dt = \frac{T}{2}$$

所以

$$I = \sqrt{\frac{1}{T}I_m^2 \frac{T}{2}} = \frac{I_m}{\sqrt{2}} = 0.717 I_m \tag{7-2}$$

或

$$I_m = \sqrt{2}I$$

正弦量的最大值和有效值之间有固定的 $\sqrt{2}$ 倍关系,可以把正弦量的数学表达式写成如下的形式,如电流 $i = \sqrt{2}I\cos(\omega t + \varphi_i)$,其中 $\sqrt{2}I$、ω 和 φ 也可以用来表示正弦量的三要素。例如交流电压表、电流表上标出的数字都是有效值。

3. 相位、初相位和相位差

在正弦电流中,$(\omega t + \varphi)$ 称为正弦量的相位角,简称相位,单位为弧度(rad)或度(°),它是时间 t 的函数,表示正弦信号变化的进程或状态。φ 是 $t=0$ 时刻的相位,称为初相位(初相角),简称初相,通常规定 $|\varphi| \leqslant \pi$。正弦信号的初相位 φ 的大小与所选的计时时间起点有关,

若计时起点选择不同,则初相位就不同。

由于在同一正弦稳态电路中,任意电压和电流都是同频率的正弦量,因此各正弦量的区别在于幅值和初相不同。在正弦稳态电路分析中,除了需要求解电压或电流的大小之外,还经常要比较两个正弦量变化进程之间的差别,即正弦量的相位差。

设任意两个同频率的正弦电流,即

$$i_1(t) = I_{1m}\cos(\omega t + \varphi_1)$$
$$i_2(t) = I_{2m}\cos(\omega t + \varphi_2)$$

$i_1(t)$ 与 $i_2(t)$ 的相位差为

$$\varphi = (\omega t + \varphi_1) - (\omega t + \varphi_2) = \varphi_1 - \varphi_2$$

可见,对于两个同频率的正弦量来说,相位差在任何瞬间都是一个常数,即等于它们的初相之差,而与时间无关。相位差是区分两个同频率正弦量的重要标志之一。φ 也用主值范围的弧度(rad)或度(°)来表示。电路常用超前和滞后来说明两个同频正弦量相位的比较结果。

如果 $\varphi = \varphi_1 - \varphi_2 > 0$,则称电流 i_1 的相位超前电流 i_2 的相位一个角度 φ,简称电流 i_1 超前电流 i_2 角度 φ,如图 7-2(a)所示,从坐标原点向右看,电流 i_1 比电流 i_2 先达到正的最大值。反过来也可以说电流 i_2 滞后电流 i_1 角度 φ。

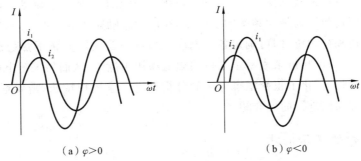

(a) $\varphi > 0$ (b) $\varphi < 0$

图 7-2 同频率正弦量的相位差

若 $\varphi = \varphi_1 - \varphi_2 < 0$,则称电流 i_1 滞后电流 i_2 角度 $|\varphi|$,如图 7-2(b)所示。

若 $\varphi = \varphi_1 - \varphi_2 = 0$,即 $\varphi_1 = \varphi_2$,i_1 与 i_2 变化进程一致,同时达到最大值或同时通过零点,则称 i_1 与 i_2 同相。

若 $\varphi = \varphi_1 - \varphi_2 = \pm\dfrac{\pi}{2}$,当 i_1 与 i_2 中的一个达到最大值时,另外一个达到零值,则称 i_1 与 i_2 正交。

若 $\varphi = \varphi_1 - \varphi_2 = \pm\pi$(即 180°),当 i_1 与 i_2 中的一个达到正最大值时,另外一个达到负最大值,则称 i_1 与 i_2 反相。

不同频率的两个正弦量之间的相位差不再是一个常数,而是随着时间变动的。后面谈到的相位差都是同频率正弦量之间的相位差。

应当注意,当两个同频率正弦量的计时起点改变时,它们的初相也跟着改变,但两者的相位差仍保持不变,即相位差与计时起点的选择无关。

例 7-1 已知一正弦电流 $i = 20\sqrt{2}\cos(314t + 30°)$ A,电压 $u = 20\sin(314t - 60°)$ V,试求它们的有效值、频率和相位差(π 取 3.14)。

解 根据电流、电压的瞬时值表达式可得电流、电压有效值为

$$I = \frac{20\sqrt{2}}{\sqrt{2}} \text{ A} = 20 \text{ A}$$

$$U = \frac{20}{\sqrt{2}} \text{ V} = 10\sqrt{2} \text{ V}$$

频率为

$$f = \frac{\omega}{2\pi} = \frac{314}{2 \times 3.14} \text{ Hz} = 50 \text{ Hz}$$

计算相位差时,需要统一两个正弦量的表达形式,将电压 u 改写为余弦形式,即为

$$u = 20\sin(314t - 60°) \text{ V} = 20\cos(314t - 150°) \text{ V}$$

u、i 的相位差为

$$\varphi = \varphi_u - \varphi_i = -150° - 30° = -180°$$

7.2 复数

任意一个正弦量可由其三要素——幅值、角频率、初相位,唯一地确定。在正弦稳态电路中,任一电压、电流均与激励是同频率的正弦量,在已知激励频率的情况下,只需要确定响应的两个要素——幅值和初相位,即可确定各个响应。相量法是线性电路正弦稳态分析的一种简便且有效的方法,它是用相量来表示正弦量的幅值和初相位的,从而将求解电路的微分方程变换为复系数代数方程,简化了正弦稳态电路的分析计算。应用相量法,需要运用复数的运算。本节对复数的有关知识进行简要介绍。

7.2.1 复数的表示形式

1. 复数的代数形式

$$A = a + \text{j}b$$

式中,$\text{j} = \sqrt{-1}$ 表示虚部单位(数学中常用 i 表示,由于在电路中已用 i 表示电流,现改为用 j)。系数 a 和 b 分别称为复数 A 的实部和虚部,即

$$a = \text{Re}[A], \quad b = \text{Im}[A]$$

即,$\text{Re}[A]$ 表示取方括号内复数的实部,$\text{Im}[A]$ 表示取其虚部。

2. 复数的三角形式

复数 A 还可以用复平面上一条从原点 O 指向 A 对应坐标点的有向线段(向量)表示,如图7-3 所示。

根据图 7-3,可得复数 A 的三角表达式为

$$A = |A|(\cos\theta + \text{j}\sin\theta)$$

式中,$|A|$ 为复数 A 的模,θ 为其辐角,θ 可以用弧度或度表示。

3. 复数的指数形式

根据图 7-3 还可以得到

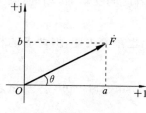

图 7-3 复数的表示

$$|\dot{F}| = \sqrt{a^2+b^2}, \quad \theta = \arctan\left(\frac{b}{a}\right)$$

根据欧拉公式

$$e^{j\theta} = \cos\theta + j\sin\theta$$

可将复数的三角形式变为指数形式,即

$$A = |A| e^{j\theta}$$

所以复数 $\dot{F}$ 是其模值 $|\dot{F}|$ 与 $e^{j\theta}$ 相乘的结果。

4. 复数的极坐标形式

上述指数形式有时要改写为极坐标形式,即

$$A = |A| \angle \theta$$

根据计算需要,可灵活选用上述复数形式并进行相互变换,上述几种形式之间的关系为

$$a = |A|\cos\theta, \quad b = |A|\sin\theta, \quad |A| = \sqrt{a^2+b^2}, \quad \theta = \arctan\frac{b}{a} \tag{7-3}$$

7.2.2 复数运算

1. 复数加、减运算

复数的加减运算常用代数形式来表示,例如,若

$$A_1 = a_1 + jb_1, \quad A_2 = a_2 + jb_2$$

则有

$$A_1 \pm A_2 = (a_1 + jb_1) \pm (a_2 + jb_2) = (a_1 \pm a_2) + j(b_1 \pm b_2)$$

复数的相加和相减也可以按平行四边形法在复平面上用向量加减求得,如图 7-4 所示。

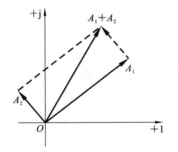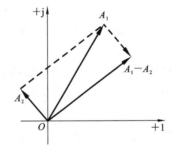

图 7-4 复数代数和图解法

2. 复数乘、除运算

两个复数的相乘,用代数形式表示有

$$A_1 A_2 = (a_1 + jb_1)(a_2 + jb_2) = (a_1 a_2 - b_1 b_2) + j(a_1 b_2 + a_2 b_1)$$

复数的相乘运算用指数形式或极坐标形式表示会更为方便,如

$$A_1 A_2 = |A_1| e^{j\theta_1} |A_2| e^{j\theta_2} = |A_1||A_2| e^{j(\theta_1+\theta_2)} = |A_1||A_2| \angle(\theta_1+\theta_2)$$

即复数乘积的模等于各复数模的乘积,其辐角等于各复数辐角的和。

两个复数的相除,用代数形式表示有

$$\frac{A_1}{A_2} = \frac{a_1 + jb_1}{a_2 + jb_2} = \frac{(a_1 + jb_1)(a_2 - jb_2)}{(a_2 + jb_2)(a_2 - jb_2)} = \frac{a_1 a_2 + b_1 b_2}{(a_2)^2 + (b_2)^2} + j\frac{a_2 b_1 - a_1 b_2}{(a_2)^2 + (b_2)^2}$$

复数的相除运算用指数形式或极坐标形式表示会更为方便,如

$$\frac{A_1}{A_2}=\frac{|A_1|\,e^{j\theta_1}}{|A_2|\,e^{j\theta_2}}=\frac{|A_1|}{|A_2|}e^{j(\theta_1-\theta_2)}=\frac{|A_1|}{|A_2|}\angle(\theta_1-\theta_2)$$

$e^{j\theta}=1\angle\theta$ 是一个模为 1,辐角为 θ 的复数。任意复数 A 乘以 $e^{j\theta}$ 相当于把复数 A 逆时针旋转一个角度 θ,而 A 的模值不变,所以称 $e^{j\theta}$ 为旋转因子。

例 7-2 已知 $A=6+j8=10\angle53.1°$,$B=-4.33+j2.5=5\angle150°$,试计算 $A+B$,$A-B$,$A\cdot B$,$\dfrac{A}{B}$。

解
$$A+B=6+j8-4.33+j2.5=1.67+j10.5$$
$$A-B=6+j8+4.33-j2.5=10.33+j5.5$$
$$A\cdot B=10\angle53.1°\cdot5\angle150°=50\angle203.1°=50\angle-156.9°$$
$$\frac{A}{B}=\frac{10\angle53.1°}{5\angle150°}=2\angle-96.9°$$

7.3 相量表示法

7.3.1 正弦量的相量表示

相量法的理论基础是复数理论中的欧拉公式。欧拉公式为

$$e^{j\theta}=\cos\theta+j\sin\theta \tag{7-4}$$

其中,θ 为一实数(单位为弧度)。可以将此公式推广到 θ 为 t 的实函数,令

$$\theta=\omega t$$

其中,ω 为常量,单位为 rad/s。由此可以得到

$$e^{j\omega t}=\cos\omega t+j\sin\omega t$$

该式建立了复指数函数和两个正弦实函数间的联系,从而可用复数来表示正弦时间函数。

设正弦电压为 $u(t)=U_m\cos(\omega t+\varphi_u)$,根据欧拉公式可得

$$U_m e^{j(\omega t+\varphi_u)}=U_m\cos(\omega t+\varphi_u)+jU_m\sin(\omega t+\varphi_u)$$

从上式可以看出,上式的实部恰好等于正弦电压 $u(t)$

$$u(t)=\mathrm{Re}[U_m e^{j(\omega t+\varphi_u)}]=\mathrm{Re}[U_m e^{j\varphi_u}e^{j\omega t}]$$
$$=\mathrm{Re}[\dot{U}_m e^{j\omega t}]=\mathrm{Re}[\dot{U}_m\angle\omega t] \tag{7-5}$$

式中,$\dot{U}_m=U_m e^{j\varphi_u}=U_m\angle\varphi_u$ 是一个与时间无关的复常数,其模为该正弦电压的振幅,辐角为该正弦电压的初相位。由于在正弦稳态电路中,各处电压和电流都是同频率的正弦量,频率通常都是已知的,因此电压和电流可由振幅和初相位确定,复值 $\dot{U}_m$ 中恰好包含了电压的振幅和初相位这两个重要因素,由它就可以完全确定一个正弦电压。由于 $\dot{U}_m$ 足以表征正弦电压,故在电路分析中把能表征正弦量的复数称为相量。$\dot{U}_m$ 称为电压的振幅相量,$\dot{I}_m$ 称为电流的振幅相量。相量是一个复数,由于它表示的是一个正弦波,为了区别于一般复数,在字母上方加"·"。

正弦量也可以用有效值相量来表示。以正弦电压为例:

$$u(t)=\sqrt{2}U\cos(\omega t+\varphi_u)=\mathrm{Re}[\sqrt{2}\dot{U}e^{j\omega t}] \tag{7-6}$$

式中,$\dot{U}=Ue^{j\varphi_u}=U\angle\varphi_u$ 称为电压的有效值相量。它与振幅相量之间有着固定的关系,即

$$\dot{U}_m=\sqrt{2}\dot{U}$$

由于有效值的使用较广泛,后面凡无下标 m 的相量均为有效值相量。

正弦量和相量之间存在着一一对应的关系,如果给出了正弦量,就可以得出表示它的相量;反之,由已知的相量,也可以写出对应的正弦量。但是相量仅仅是表示正弦量的复数,而不是正弦量本身。它与正弦量是对应关系,这种关系用"↔"表示,即

$$u(t)=U_m\cos(\omega t+\varphi_u)\leftrightarrow\dot{U}_m=U_m\angle\varphi_u \tag{7-7}$$

$$u(t)=\sqrt{2}U\cos(\omega t+\varphi_u)\leftrightarrow\dot{U}=U\angle\varphi_u \tag{7-8}$$

7.3.2 相量图及旋转相量

相量是一个复数,在复平面上可以用一个矢量表示,该矢量称为正弦量的相量图,如图 7-5 所示。图中的有向线段长度为 $\dot{U}_m$ 的模 U_m,即正弦量的振幅,该线段与实轴的夹角为 $\dot{U}_m$ 的辐角 φ_u,即正弦量的初相位。上述与相量相对应的复指数函数在复平面上可以用旋转相量来表示。

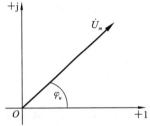

图 7-5 正弦量的相量图

相量 $\dot{U}_m$ 与 $e^{j\omega t}$ 的乘积 $\dot{U}_m e^{j\omega t}$ 是时间 t 的复值函数,其中 $e^{j\omega t}=\cos\omega t+j\sin\omega t$ 是一个随时间变化的旋转因子,它在复平面上是以原点为中心,以角速度 ω 不断逆时针旋转的模为 1 的复数,任何一个复数乘以一个旋转因子,就逆时针旋转一个角。$\dot{U}_m e^{j\omega t}$ 在复平面上可以用以恒定角速度 ω 逆时针方向旋转长度为 U_m 的相量来表示,所以把它称为旋转相量。由此可得正弦量与其旋转相量的对应关系为:正弦量在任何时刻的瞬时值均等于对应的旋转相量同一时刻在实轴上的投影。这个关系可用图 7-6 来说明。

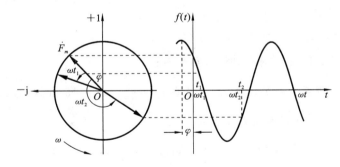

图 7-6 正弦量与其相量的对应关系

例 7-3 已知 $i_1(t)=5\sqrt{2}\cos(314t+30°)$ A,$i_2(t)=5\sqrt{2}\sin(314t+45°)$ A,$i_3(t)=-10\sqrt{2}\cos(314t+60°)$ A,试写出它们对应的有效值相量并作出相量图。

解 由 $i_1(t)=5\sqrt{2}\cos(314t+30°)$A,可得其对应的有效值相量为

$$\dot{I}_1=5\angle30° \text{ A}$$

由 $i_2(t)=5\sqrt{2}\sin(314t+45°)$ A$=5\sqrt{2}\cos(314t-45°)$ A,可得其对应的有效值相量为

$$\dot{I}_2=5\angle-45° \text{ A}$$

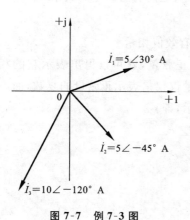

图 7-7 例 7-3 图

由 $i_3(t) = -10\sqrt{2}\cos(314t+60°) = 10\sqrt{2}\cos(314t-120°)$，可得其对应的有效值相量为

$$\dot{I}_3 = 10\angle -120° \text{ A}$$

它们的相量图如图 7-7 所示。

例 7-4 已知有效值相量 $\dot{U}_1 = 10\angle -30°$ V，$\dot{U}_2 = 5\angle 150°$ V，$\dot{U}_3 = 15\angle 0°$ V，$f = 50$ Hz。试写出它们所代表的正弦电压。

解 由题可得

$$\omega = 2\pi f = 100\pi \text{ rad/s} \approx 314 \text{ rad/s}$$

由三个振幅相量可得对应的正弦电压为

$$u_1(t) = 10\sqrt{2}\cos(314t-30°) \text{ V}$$
$$u_2(t) = 5\sqrt{2}\cos(314t+150°) \text{ V}$$
$$u_3(t) = 15\sqrt{2}\cos(314t) \text{ V}$$

习 题 7

7-1 将下列复数化为极坐标形式与代数形式。

(1) $F_1 = -5-j5$；　　(2) $F_2 = -4+j3$；　　(3) $F_3 = 20+j40$；

(4) $F_4 = j10$；　　(5) $F_5 = -3$；　　(6) $F_6 = 2.78+j9.20$。

7-2 已知正弦电流 $i = -40\sin\left(314t+\dfrac{\pi}{4}\right)$ A。

(1) 试求其振幅、有效值、周期、频率、角频率和初相位；

(2) 画出其波形图。

7-3 已知正弦电压 $u = 220\sqrt{2}\sin 314t$ V。

(1) 试求其振幅、有效值、周期、频率、角频率；

(2) 求第一次出现最大值的时刻 t_1，以及当 $t_2 = \dfrac{1}{300}$ s，$t_3 = 15$ ms 时电压的瞬时值。

7-4 试求下列正弦量的振幅相量和有效值相量。

(1) $i_1 = 5\cos\omega t$ A；　　(2) $i_2 = -10\cos\left(\omega t+\dfrac{\pi}{2}\right)$ A；　　(3) $i_3 = 15\sin\left(\omega t-\dfrac{3\pi}{4}\right)$ A。

7-5 若已知两个同频正弦电压的相量分别为 $\dot{U}_1 = 50\angle 30°$ V，$\dot{U}_2 = -100\angle -150°$ V，其频率 $f = 100$ Hz。求

(1) u_1，u_2 的时域形式；　　(2) u_1 与 u_2 的相位差。

7-6 已知 $i_1 = 16\sqrt{2}\sin\left(\omega t+\dfrac{\pi}{3}\right)$ A，$i_2 = 12\sqrt{2}\sin\left(\omega t-\dfrac{\pi}{6}\right)$ A，求 i_1+i_2。

7-7 已知如题 7-7 图所示的三个电压源的电压分别为 $u_a = 220\sqrt{2}\cos(\omega t+10°)$ V，$u_b = 220\sqrt{2}\cos(\omega t-110°)$ V，$u_c = 220\sqrt{2}\cos(\omega t+130°)$ V，则

（1）求 3 个电压的和；

（2）求 $\dot{U}_{ab}$，$\dot{U}_{bc}$；

（3）画出它们的相量图。

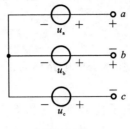

题 7-7 图

第8章　正弦稳态电路的分析

在正弦电源激励下,处于稳定工作状态的电路称为正弦稳态电路,此时电路的响应称为正弦稳态响应。

对正弦稳态电路的分析在电工电子技术领域中占有十分重要的地位。在电力系统中,交流发电机输出的是正弦电流和电压,所以在电力生产、传输、控制和使用过程中遇到的大量问题都可以归结为对正弦电路的分析。对于各种电子产品,为了评价其性能、质量,往往需要测试产品在一定频率范围内以及正弦信号作用下的响应特性。这里响应特性的分析和测定,同样属于正弦稳态电路分析的范畴。

本章先介绍阻抗和导纳的概念,然后重点讨论电路的相量模型、正弦稳态电路的相量分析法以及正弦稳态电路的功率。

8.1　阻抗和导纳

阻抗和导纳概念的引入,对正弦交流电路的稳态分析有着十分重要的意义。

8.1.1　阻抗

如图 8-1 所示的无源线性二端网络,将端口电压相量和端口电流相量的比值定义为该端口的阻抗,记为 Z。即

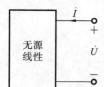

图 8-1　无源线性二端网络

$$Z = \frac{\dot{U}}{\dot{I}} = \frac{U \angle \varphi_u}{I \angle \varphi_i} = \frac{U}{I} \angle (\varphi_u - \varphi_i)$$

注意:阻抗为复数,但不是表示正弦量的复数,它不是相量。

当电路的频率一定时,阻抗 Z 为一个复常数,所以阻抗可表示成复数的四种形式,如:代数式、三角函数式、指数式以及极坐标式。下面重点介绍一下阻抗的极坐标式和代数式。

（1）将阻抗表示成极坐标式。

将阻抗表示成极坐标式为

$$Z = |Z| \angle \varphi_Z$$

阻抗模为

$$|Z| = \frac{U}{I}（电压有效值和电流有效值之比）$$

阻抗角为

$$\varphi_Z = \varphi_u - \varphi_i（电压和电流的相位差）$$

（2）将阻抗表示成代数式。

将阻抗表示成代数式为

$$Z = R + jX$$

其中，实部 R 为电阻，虚部 X 为电抗。

（3）阻抗三角形。

R、X 和 $|Z|$ 构成了一个直角三角形，称之为阻抗三角形，如图 8-2 所示。

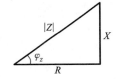

其中，$R = |Z|\cos\varphi_Z$，$X = |Z|\sin\varphi_Z$，$|Z| = \sqrt{R^2 + X^2}$，$\varphi_Z = \arctan\dfrac{X}{R}$。

图 8-2　阻抗三角形

8.1.2　导纳

阻抗的倒数称为导纳，即

$$Y = \frac{1}{Z} = \frac{I}{U} \angle (\varphi_i - \varphi_u)$$

$$Y = G + jB = |Y| \angle \varphi_Y$$

其中，实部 G 为电导，虚部 B 为电纳。

$$|Z| \times |Y| = 1, \quad \varphi_Y = -\varphi_Z$$

8.2　电路的相量模型

将电路图中的电压和电流表示成相量形式，再将电路图中的电阻、电感和电容三个元件的参数用其对应的阻抗表示，即可得到该电路对应的相量模型。相量模型是用相量法分析正弦稳态电路的重要基础。

8.2.1　单一元件的相量模型

1. 电阻

电阻的电路图如图 8-3 所示。

1）三角函数（时域形式）

假设 $i(t) = \sqrt{2}I\cos(\omega t + \varphi_i)$，则

$$u(t) = Ri(t) = \sqrt{2}RI\cos(\omega t + \varphi_i)$$

2）复数（相量形式）

$$\dot{I} = I \angle \varphi_i$$

$$\dot{U} = RI \angle \varphi_i$$

阻抗为

$$Z = \frac{\dot{U}}{\dot{I}} = \frac{RI \angle \varphi_i}{I \angle \varphi_i} = R \quad （电压和电流同相）$$

电阻的相量模型如图 8-4 所示，它和电路图的差距仅在将电压和电流的瞬时值变为相量，而其符号参数不变。

图 8-3　电阻的电路图

图 8-4　电阻的相量模型

2. 电感

电感的电路图如图 8-5 所示。

1）三角函数（时域形式）

假设 $i(t)=\sqrt{2}I\cos(\omega t+\varphi_i)$，则

$$u(t)=L\frac{\mathrm{d}i(t)}{\mathrm{d}t}=-\sqrt{2}\omega LI\sin(\omega t+\varphi_i)=\sqrt{2}\omega LI\cos\left(\omega t+\varphi_i+\frac{\pi}{2}\right)$$

2）复数（相量形式）

$$\dot{I}=I\angle\varphi_i$$

$$\dot{U}=\omega LI\angle\left(\varphi_i+\frac{\pi}{2}\right)$$

阻抗为

$$Z=\frac{\dot{U}}{\dot{I}}=\frac{\omega LI\angle\left(\varphi_i+\frac{\pi}{2}\right)}{I\angle\varphi_i}=\omega L\angle\frac{\pi}{2}=\mathrm{j}\omega L\quad\left(\text{电压超前电流}\frac{\pi}{2}\right)$$

电感的相量模型如图 8-6 所示。

图 8-5　电感的电路图

图 8-6　电感的相量模型

ωL 表征了电感对交流电流的阻碍作用，称为感抗。由此可见，同样大小的电感，对不同频率的正弦电流呈现不同的阻碍能力，其感抗的大小随频率的变化而变化。在直流稳态电路中，频率为 0，感抗为 0，此时电感相当于短路。

3. 电容

电容的电路图如图 8-7 所示。

1）三角函数（时域形式）

假设 $u(t)=\sqrt{2}U\cos(\omega t+\varphi_u)$，则

$$i(t)=C\frac{\mathrm{d}u(t)}{\mathrm{d}t}=-\sqrt{2}\omega CU\sin(\omega t+\varphi_u)=\sqrt{2}\omega CU\cos\left(\omega t+\varphi_u+\frac{\pi}{2}\right)$$

2）复数（相量形式）

$$\dot{I}=\omega CU\angle\left(\varphi_u+\frac{\pi}{2}\right)$$

$$\dot{U}=U\angle\varphi_u$$

阻抗为

$$Z=\frac{\dot{U}}{\dot{I}}=\frac{U\angle\varphi_u}{\omega CU\angle\left(\varphi_u+\frac{\pi}{2}\right)}=\frac{1}{\omega C}\angle-\frac{\pi}{2}=-\mathrm{j}\frac{1}{\omega C}\quad\left(\text{电压滞后电流}\frac{\pi}{2}\right)$$

电容的相量模型图如图 8-8 所示。

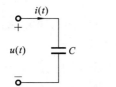

图 8-7 电容的电路图

图 8-8 电容的相量模型图

$-\dfrac{1}{\omega C}$ 称为容抗，在直流稳态电路中，电容相当于开路。

例 8-1 在纯电感元件电路中，已知 $L=1$ H，$f=50$ Hz，电源电压为 $u(t)=100\sqrt{2}\pi\cos(\omega t+30°)$ V，求 $\dot{I}$。当电源频率变为 $f=100$ Hz，其余参数不变时，求此时的 $\dot{I}$。

解 依题意可得

$$\dot{U}=100\pi\angle30°\ \text{V}$$

$$\dot{I}=\frac{\dot{U}}{\mathrm{j}\omega L}=\frac{100\pi\angle30°}{1\times\angle90°\times100\pi\times1}\ \text{A}=1\angle-60°\ \text{A}$$

若电源频率为 $f=100$ Hz，则

$$\dot{I}=\frac{\dot{U}}{\mathrm{j}\omega L}=\frac{100\pi\angle30°}{1\times\angle90°\times200\pi\times1}\ \text{A}=0.5\angle-60°\ \text{A}$$

由此可知，在电压一定时，若频率越高，则电感的感抗越大，通过电感元件的电流越小。

8.2.2 电路的性质

电路的等效阻抗决定了电路的性质，对于任意一个阻抗有 $Z=\dfrac{\dot{U}}{\dot{I}}=|Z|\angle\varphi_Z=R+\mathrm{j}X$，图 8-9 所示的为阻抗性质的示意图。

（1）感性：当 $\varphi_Z>0$ 时，$X>0$，电流滞后电压的角度范围为 $0\sim90°$，称该电路为感性电路。

（2）阻性：当 $\varphi_Z=0$ 时，$X=0$，电流和电压同相，称该电路为阻性电路。

（3）容性：当 $\varphi_Z<0$ 时，$X<0$，电压滞后电流的角度范围为 $0\sim90°$，称该电路为容性电路。

例 8-2 如图 8-10 所示电路中，设 $\dot{I}=2\angle0°$，求下图中的 $\dot{U}_S$，并画出其相量图。

解 由已知条件得

$$Z=4\sqrt{3}+\mathrm{j}(20-24)$$

$$Z=4\sqrt{3}-\mathrm{j}4\quad\text{（阻抗性质为容性）}$$

$$\dot{U}=\dot{I}Z=2\angle0°\times(4\sqrt{3}-\mathrm{j}4)\ \text{V}=2\angle0°\times8\angle-30°\ \text{V}=16\angle-30°\ \text{V}$$

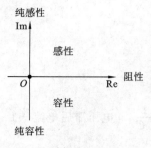

图 8-9 阻抗性质的示意图

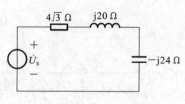

图 8-10 例 8-2 图

相量图如图 8-11 所示。

由相量图可知,电流超前电压 30°(其范围为 0°~90°)。可以看出容性阻抗对电流和电压之间的相位差的影响。

例 8-3 如图 8-12 所示,设 $\dot{I}=2\angle 0°$,求下图中的 $\dot{U}_\mathrm{S}$,并画出相量图。

解
$$Z=\frac{(2\sqrt{3}+\mathrm{j}6)\times(-\mathrm{j}12)}{2\sqrt{3}+\mathrm{j}6-\mathrm{j}12}=\frac{4\sqrt{3}\angle 60°\times 12\angle -90°}{4\sqrt{3}\angle -60°}$$

$$Z=12\angle 30°\quad(\text{阻抗性质为感性})$$

$$\dot{U}=\dot{I}Z=2\angle 0°\times 12\angle 30°\text{ A}=24\angle 30°\text{ A}$$

相量图如图 8-13 所示。

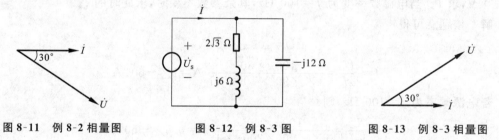

图 8-11 例 8-2 相量图   图 8-12 例 8-3 图   图 8-13 例 8-3 相量图

由相量图可知,电流滞后电压 30°(其范围为 0°~90°)。可以看出感性阻抗对电流和电压之间的相位差的影响。

8.2.3 KCL 和 KVL 的相量形式

在正弦交流电路中,各电流电压都是与电源同频率的正弦量,而同频率的正弦量加、减可以用对应的相量形式来进行计算。即

$$\sum \dot{I}=0$$
$$\sum \dot{U}=0$$

注意:一般情况下,在正弦电路中,有效值不能使用基尔霍夫定律,因为有效值不能表示方向。

8.3 相量法分析正弦稳态电路

相量法与前面所讲的直流电路的分析方法相比,不仅在表述形式上十分相似,而且在分析

方法上也完全一样。因此在用相量法分析时,直流电路的分析方法和电路定理都可直接用于正弦稳态交流电路,它们的差别仅在于通过相量法所得的电路方程是以相量形式描述的方程,且其计算为复数运算。

用相量法分析正弦稳态电路的一般步骤如下。

(1) 画出电路图的相量模型(把相量模型中的电感、电容看成电阻)。

(2) 分以下两种情况。

① 已知瞬时表达式:用相量表示、用相量进行计算。

② 未知瞬时表达式:首先设参考相量(辐角为 0°)。

注意:一般设串联部分的电流或并联部分的电压为参考相量,然后依据此参考相量确定其他相量的初相位从而进行分析计算。

(3) 通过相量求瞬时值或有效值。

例 8-4 已知图 8-14 所示电路中,$U_S = 10\sqrt{2}\cos(1000t)$ V,$R = 1$ kΩ,$C = 1$ μF,$L = 1$ H。求 $i_1(t), i_2(t), i_3(t), i(t)$。

解 (1) 画电路图对应的相量模型如图 8-15 所示。

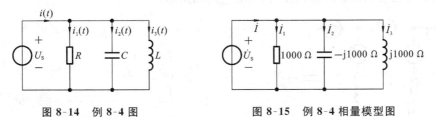

图 8-14 例 8-4 图　　　　图 8-15 例 8-4 相量模型图

(2) 此题为已知瞬时表达式的情况。

$$\dot{U}_S = 10\angle 0° \text{ V}$$

$$\dot{I}_1 = 0.01\angle 0° \text{ A}$$

$$\dot{I}_2 = \frac{10\angle 0°}{1000\angle -90°} \text{ A} = 0.01\angle 90° \text{ A}$$

$$\dot{I}_3 = \frac{10\angle 0°}{1000\angle 90°} \text{ A} = 0.01\angle -90° \text{ A}$$

由相量满足基尔霍夫定律可知

$$\dot{I} = \dot{I}_1 + \dot{I}_2 + \dot{I}_3 = (0.01 + j0.01 - j0.01) \text{ A} = 0.01\angle 0° \text{ A}$$

(3) 将相量还原成瞬时表达式。

$$i_1(t) = 0.01\sqrt{2}\cos(1000t) \text{ A}$$

$$i_2(t) = 0.01\sqrt{2}\cos(1000t + 90°) \text{ A}$$

$$i_3(t) = 0.01\sqrt{2}\cos(1000t - 90°) \text{ A}$$

$$i(t) = 0.01\sqrt{2}\cos(1000t) \text{ A}$$

例 8-5 已知如图 8-16 所示电路中,$I_S = 5$ A,$R = 3$ Ω,$C = 1$ μF,$L = 1$ H,$\omega = 1000$ rad/s,求 U_{ad}。

解 (1) 画电路图对应的相量模型如图 8-17 所示。

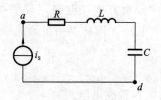

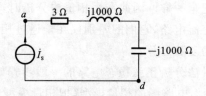

图 8-16　例 8-5 图　　　　　　　　　　图 8-17　例 8-5 相量模型图

（2）此题为未知瞬时表达式的情况，设 $\dot{I}_S=5\angle 0°$ A（参考相量）。

$$\dot{U}_{ad}=5\angle 0°\times(3+j1000-j1000)\ V=15\angle 0°\ V$$

则

$$U_{ad}=15\ V$$

例 8-6　已知如图 8-18 所示电路中，仪表为交流测量仪表，其中 A_1 表的读数为 5 A，A_2 表的读数为 20 A，A_3 表的读数为 25 A，求 A 表和 A_4 表的读数。

解　（1）此题给出的即为相量模型，所以省去画电路图的相量模型。

（2）此题为未知瞬时表达式的情况，设 $\dot{U}_S=U_S\angle 0°$（参考相量）。

注意：参考相量和相量的模无关，仅关心它的辐角即可。

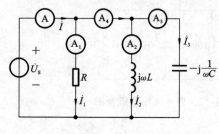

图 8-18　例 8-6 图

$$\dot{I}_1=\frac{\dot{U}_S}{R}=\frac{U_S\angle 0°}{R}=5\angle 0°\ A$$

$$\dot{I}_2=\frac{\dot{U}_S}{j\omega L}=\frac{U_S\angle 0°}{\omega L\angle 90°}=20\angle -90°\ A$$

$$\dot{I}_3=\frac{\dot{U}_S}{-j\dfrac{1}{\omega C}}=\frac{U_S\angle 0°}{\dfrac{1}{\omega C}\angle -90°}=25\angle 90°\ A$$

则

$$\dot{I}_4=\dot{I}_2+\dot{I}_3=(-j20+j25)\ A=j5\ A=5\angle 90°\ A$$

$$\dot{I}=\dot{I}_1+\dot{I}_4=(5+j5)\ A=5\sqrt{2}\angle 45°\ A$$

（3）将相量还原成有效值。

A_4 表读数为 5 A，A 表读数为 7.07 A。

此题说明有效值是不能适用基尔霍夫定律的。

例 8-7　求图 8-19 所示电路中的电流 i。电压源 $u_S=6\sqrt{6}\sin(2t+60°)$ V，电流源 $i_S=3\sqrt{2}\cos(2t+60°)$ A。

解　由于电压源 u_S 给出的是正弦形式，所以先将其转换成余弦形式。

$$u_S=6\sqrt{6}\sin(2t+60°)\ V$$

$$u_S=6\sqrt{6}\cos(2t-30°)\ V$$

则

$$\dot{U}_S=6\sqrt{3}\angle -30°\ V$$

$$i_S=3\sqrt{2}\cos(2t+60°)\ A$$

则

$$\dot{I}_S=3\angle -30°\ A$$

电路图的相量模型如图 8-20 所示（电压源与电容的串联等效成电流源和电容的并联，由于电阻与电流源串联,故等效为导线)。

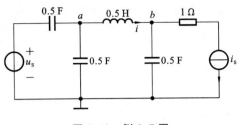

图 8-19 例 8-7 图

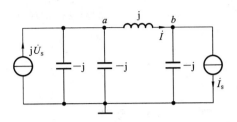

图 8-20 例 8-7 相量模型图

根据相量模型列写节点电压方程

$$\begin{cases} \left(\dfrac{1}{-\mathrm{j}}+\dfrac{1}{-\mathrm{j}}+\dfrac{1}{\mathrm{j}}\right)\dot{U}_{n1}+\left(-\dfrac{1}{\mathrm{j}}\right)\dot{U}_{n2}=\mathrm{j}\dot{U}_{\mathrm{S}} \\ \left(-\dfrac{1}{\mathrm{j}}\right)\dot{U}_{n1}+\left(\dfrac{1}{\mathrm{j}}+\dfrac{1}{-\mathrm{j}}\right)\dot{U}_{n2}=-\dot{I}_{\mathrm{S}} \end{cases}$$

对上述方程进行化简

$$\begin{cases} \mathrm{j}\dot{U}_{n1}+\mathrm{j}\dot{U}_{n2}=\mathrm{j}\dot{U}_{\mathrm{S}} & \text{①} \\ \mathrm{j}\dot{U}_{n1}=-\dot{I}_{\mathrm{S}} & \text{②} \end{cases}$$

流过电感的电流为

$$\dot{I}=\frac{\dot{U}_{n1}-\dot{U}_{n2}}{\mathrm{j}}=\mathrm{j}\dot{U}_{n2}-\mathrm{j}\dot{U}_{n1}$$

①－②×2 得

$$\mathrm{j}\dot{U}_{n2}-\mathrm{j}\dot{U}_{n1}=\mathrm{j}\dot{U}_{\mathrm{S}}+2\dot{I}_{\mathrm{S}}$$

则

$$\dot{I}=\mathrm{j}\dot{U}_{\mathrm{S}}+2\dot{I}_{\mathrm{S}}=(6\sqrt{3}\angle 60^{\circ}+6\angle -30^{\circ})\ \mathrm{A}=12\angle 30^{\circ}\ \mathrm{A}$$

$$i=12\sqrt{2}\cos(2t+30^{\circ})\ \mathrm{A}$$

8.4 正弦稳态电路的功率

由于在正弦电源激励下,动态元件具有能量存储与释放的过程,所以正弦稳态电路功率的计算比较复杂,需要用到一些新的概念。本节主要讨论正弦稳态电路的有功功率、无功功率、视在功率、复功率和功率因数的提高,以及负载从给定等效电源获得最大功率应满足的条件等。

8.4.1 二端网络的功率

1. 瞬时功率 $p(t)$

设无源二端网络的电压和电流分别为

$$u(t)=\sqrt{2}U\cos(\omega t)$$

$$i(t)=\sqrt{2}I\cos(\omega t-\varphi)$$

其中，φ 为电压和电流的相位差，即为无源二端网络等效阻抗的阻抗角。

$$p(t) = u(t)i(t) = \sqrt{2}U\cos(\omega t)\sqrt{2}I\cos(\omega t - \varphi)$$

$$= 2UI \times \frac{1}{2}\left[\cos(2\omega t - \varphi) + \cos\varphi\right]$$

$$= UI\cos\varphi + UI\cos(2\omega t - \varphi)$$

恒定分量　　正弦分量

瞬时功率的实际意义不大，且不便于测量。

2. 平均功率 P

平均功率即瞬时功率在一个周期内的平均值，单位为 W（瓦）。

$$P = \frac{1}{T}\int_0^T \left[UI\cos\varphi + UI\cos(2\omega t - \varphi)\right]\mathrm{d}t$$

$$= \frac{1}{T}\int_0^T UI\cos\varphi\,\mathrm{d}t + \frac{1}{T}\int_0^T UI\cos(2\omega t - \varphi)\,\mathrm{d}t$$

$$= \frac{1}{T}\left[UIt\cos\varphi\right]_0^T + \frac{1}{T}\left[\frac{UI}{2\omega}\sin(2\omega t - \varphi)\right]_0^T$$

$$P = UI\cos\varphi$$

说明平均功率不仅和电压、电流的有效值有关，还和它们的相位差有关，这是交流电路和直流电路的区别。主要因为交流电路的电压和电流间可能存在相位差。

$\cos\varphi$ 称为功率因数，φ 称为功率因数角（即无源二端网络等效阻抗的阻抗角）。

当等效阻抗为纯电抗时，$\cos\varphi = 0$（可见电抗是不消耗平均功率的）。

所以，平均功率实际上是电阻上消耗的功率，所以平均功率也称为有功功率。

3. 无功功率 Q

许多用电设备均是根据电磁感应原理工作的，如配电变压器、电动机等，它们都是依靠建立交变磁场进行能量的转换和传递的。储能元件在半个周期的时间内把能量变成电场或磁场能量存储起来，在另外半个周期内把已存的电场或磁场能量送还给电路。在每个周期内它们只是和电源进行能量交换，并没有真正的消耗能量（平均意义上不做功），所以称之为无功功率，单位为 Var（乏）。

无功功率绝不是无用功率，反而，它的用处很大。电动机需要建立和维持旋转磁场，使转子转动，从而带动机械运动，电动机的转子磁场就是依托于电源的无功功率建立的。变压器也同样需要无功功率，才能使变压器在其一次线圈处产生磁场，然后在二次线圈处感应出电压。因此，没有无功功率，电动机就不会转动，变压器也不能变压。

定义无功功率为

$$Q = UI\sin\varphi$$

当等效阻抗为纯电阻时，$\sin\varphi = 0$（可见电阻是不消耗无功功率的）。

所以，无功功率实际上是电抗上消耗的功率。

4. 视在功率 S

定义视在功率为

$$S = UI$$

视在功率用来反映电气设备的容量，单位为 V·A。

由于视在功率等于网络端钮处电压和电流的有效值的乘积,而有效值能客观地反映正弦量的大小和它的做功能力。因此这两个量的乘积反映了为确保网络能正常工作,外电路需传给网络的能量或该网络的容量。

由于网络中既存在电阻这样的耗能元件,又存在电感、电容这样的储能元件,所以,外电路必须提供其正常工作所需的功率,即有功功率和无功功率。这就是视在功率大于平均功率的原因,只有这样网络或设备才能正常工作。若按有功功率给网络提供电能是不能保证其正常工作的。

5. 有功功率、无功功率、视在功率三者之间的关系

有功功率、无功功率、视在功率三者之间的关系满足如图 8-21 所示的功率三角形,可以看出阻抗三角形和功率三角形互为相似三角形。

由图 8-21 得

$$P = S\cos\varphi_Z, \quad Q = S\sin\varphi_Z$$

$$S = \sqrt{P^2 + Q^2}, \quad \varphi_Z = \arctan\frac{Q}{P}$$

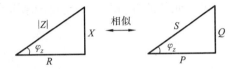

图 8-21　功率三角形

无功功率在保证用电设备正常工作的同时会对供电、用电产生一些不良的影响。当视在功率一定时,无功功率越大,有功功率就越小,则电气设备的供电容量就得不到充分发挥(如视在功率为 100 KVA 的变压器供电,如果电路中有 80 KVar 的无功功率,则能够真正用于做功的有功功率只有 60 kW)。

6. 复功率 $\overline{S}$

定义复功率为

$$\overline{S} = \dot{U}\dot{I}^*$$

其单位为 V·A。

$\dot{I} = I\angle\varphi_i$,$\dot{I}^*$ 为 $\dot{I}$ 的共轭复数,则

$$\dot{I}^* = I\angle -\varphi_i$$

复功率是复数但不是相量,它不对应正弦量。复功率没有物理意义,纯粹是为了将无功功率和有功功率整合。

$$\begin{aligned}
\overline{S} &= \dot{U}\dot{I}^* = U\angle\varphi_u \times I\angle -\varphi_i \\
&= UI\angle(\varphi_u - \varphi_i) \\
&= UI\angle\varphi \\
&= UI\cos\varphi + jUI\sin\varphi
\end{aligned}$$

即

$$\overline{S} = P + jQ$$

复功率 $\overline{S}$ 也可以表示为

$$\overline{S} = \dot{U}\dot{I}^* = Z\dot{I}\dot{I}^* = I^2 Z$$

同理可得

$$\overline{S} = \frac{U^2}{Z}$$

8.4.2 任意阻抗有功功率和无功功率的计算

1. 任意阻抗的有功功率和无功功率

设任意阻抗

$$Z=R+jX$$

$$P=UI\cos\varphi=I^2R=\frac{U^2}{R}=S\cos\varphi$$

$$Q=UI\sin\varphi=I^2X=\frac{U^2}{X}=S\sin\varphi$$

2. 单一元件的有功功率和无功功率

1）电阻元件

电阻元件的有功功率和无功功率分别为

$$P=I^2R=\frac{U^2}{R}$$

$$Q=0$$

2）电感元件

电感元件的有功功率和无功功率分别为

$$P=0$$

$$Q=I^2\omega L=\frac{U^2}{\omega L}$$

3）电容元件

电容元件的有功功率和无功功率分别为

$$P=0$$

$$Q=-\frac{I^2}{\omega C}=-U^2\omega C$$

从电容元件和电感元件无功功率的表达式的符号来看,两者在正弦电路中一个释放无功功率,一个吸收无功功率,可以起到相互补偿的作用。

例 8-8　如图 8-22 所示电路中,用三表法测线圈参数,已知 $f=50$ Hz,且测得 $U=50$ V,$I=1$ A,$P=30$ W,求 R 和 L。

解　方法一:利用阻抗三角形来分析。

因为功率表的读数为有功功率,所以 $P=30$ W。由题可得

$$P=UI\cos\varphi$$

$$\cos\varphi=0.6$$

$$|Z|=\frac{U}{I}=50$$

$$R=|Z|\cos\varphi=30 \text{ Ω}$$

$$X=|Z|\sin\varphi=40 \text{ Ω}$$

$$X=\omega L$$

$$\omega=2\pi f$$

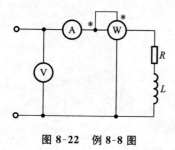

图 8-22　例 8-8 图

$$L=\frac{40}{2\pi f}\approx0.127\ \text{H}$$

方法二:利用功率三角形来分析。

由题可得

$$P=UI\cos\varphi$$
$$\cos\varphi=0.6$$
$$\sin\varphi=0.8$$
$$Q=UI\sin\varphi=40\ \text{Var}$$
$$P=I^2R$$
$$R=30\ \Omega$$
$$Q=I^2X$$
$$X=\omega L=40\ \Omega$$
$$L=\frac{40}{2\pi f}\approx0.127\ \text{H}$$

本题既能用阻抗三角形来分析,也能用功率三角形来分析的原因是两者互为相似三角形。

例 8-9　如图 8-23 所示电路中,已知$\frac{1}{\omega C_2}=1.5\omega L$,$R=1\ \Omega$,$\omega=10^4\ \text{rad/s}$,电压表 V 的读数为 10 V,电流表 A$_1$ 的读数为 30 A。求图中电流表 A$_2$ 的读数,功率表 W 的读数和电路的输入阻抗。

解　由于 L 和 C_2 并联,所以设并联部分的电压 $\dot{U}_\text{X}=U_\text{X}\angle0°$为参考相量,则

$$I_1=\frac{U_\text{X}}{\omega L}=30\ \text{A}$$

$$I_2=\frac{U_\text{X}}{\dfrac{1}{\omega C_2}}=\frac{U_\text{X}}{1.5\omega L}=20\ \text{A}$$

所以电流表 A$_2$ 的读数为 20 A。

由题可得

$$\dot{I}_1=\frac{U_\text{X}\angle0°}{j\omega L}=30\angle-90°\ \text{A}$$

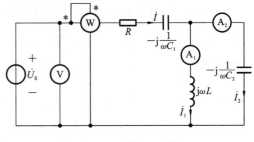

图 8-23　例 8-9 图

同理有

$$\dot{I}_2=20\angle90°\ \text{A}$$
$$\dot{I}=\dot{I}_1+\dot{I}_2=10\angle-90°\ \text{A}$$

则

$$I=10\ \text{A}$$

功率表的读数为有功功率,即为电阻 R 上消耗的功率,则

$$P=I^2R=100\ \text{W}$$

$$P=UI\cos\varphi$$

$$\cos\varphi=\frac{UI}{P}=1$$

$$\varphi=0°$$

整个电路的输入阻抗的阻抗角为 $0°$，则

$$Z_{IN} = \frac{\dot{U}_S}{\dot{I}} = \frac{U_S}{I} \angle 0° = 1 \ \Omega$$

8.5 功率因数的提高

电网中的电力负荷，如电动机、变压器、日光灯及电弧炉等，大多属于电感性负荷，这些电感性的设备在运行过程中不仅需要向电力系统吸收有功功率，还同时吸收无功功率。因此在电网中安装电容器后，它可以提供补偿感性负荷所消耗的无功功率，减少电网电源侧向感性负荷提供的及由线路输送的无功功率，从而让电气设备的容量得到充分利用。

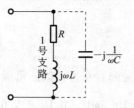

图 8-24 并联电容的电路图

（1）提高功率因数的思路。

使负载端尽可能接近纯阻性。

（2）提高感性负荷功率因数的方法如下。

① 并联电容。

② 串联电容（会影响原负载的工作电压，不可行）。

如图 8-24 所示，设 φ_{Z2} 为并联电容后的负荷等效阻抗角，φ_{Z1} 为原负荷阻抗角，S 为总的视在功率，S_1 为 1 号支路上的视在功率。则

总有功功率＝1 号支路上的有功功率（因为只有 1 号支路上有电阻）

$$S\cos\varphi_{Z2} = S_1\cos\varphi_{Z1} = P \qquad ①$$

总无功功率＝1 号支路上的无功功率＋电容上的无功功率

$$S\sin\varphi_{Z2} = S_1\sin\varphi_{Z1} - \omega CU^2 \qquad ②$$

由 $\dfrac{②}{①}$ 得

$$\tan\varphi_{Z2} = \tan\varphi_{Z1} - \frac{\omega CU^2}{P}$$

$$C = \frac{P}{\omega U^2}(\tan\varphi_{Z1} - \tan\varphi_{Z2})$$

例 8-10 日光灯电路的简化模型如图 8-25 所示，L 为镇流器的理想模型，电阻 R 是 40 W 日光灯的理想模型，电路的功率因数为 0.5，电源是有效值为 220 V、频率为 50 Hz 的正弦电源。问在保证日光灯正常工作的前提下，为使电路的功率因数提高到 1，应配以多大容量的电容器。

解 为了保证日光灯正常工作只能并联电容器，则有

$$\varphi_{Z1} = \arccos 0.5 = 60°$$

$$\varphi_{Z2} = \arccos 1 = 0°$$

$$P = 40 \ \text{W}, \quad \omega = 2\pi f = 100\pi, \quad U = 220 \ \text{V}$$

$$C = \frac{P}{\omega U^2}(\tan\varphi_{Z1} - \tan\varphi_{Z2})$$

$$\approx 4.56 \ \mu\text{F}$$

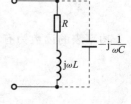

图 8-25 例 8-10 图

8.6 最大有功功率传输

当传输的功率较小,且对传输效率要求不高时,常常要研究使负载获得最大功率(有功)的条件。根据戴维南定理,该问题可简化为如图 8-26 所示的电路。

当 $Z_L = Z_{eq}^*$ 时,负载取用最大的功率。则有

$$P_{\max} = \frac{U_{oc}^2}{4R_{eq}}$$

上述负载获得最大功率的条件为最佳匹配(共轭匹配),工程上可以根据其他的匹配条件来求解最大功率。

当用诺顿等效电路时,负载获得最大功率的条件可表示为

$$Y_L = Y_{eq}^*$$

图 8-26 戴维南定理的简化电路

习 题 8

8-1 如题 8-1 图所示电路中,$u_a(t) = 10\sqrt{2}\cos(\omega t)$,$u_b(t) = 10\sqrt{2}\cos(\omega t + 120°)$,$u_c(t) = 10\sqrt{2}\cos(\omega t - 120°)$,$f = 50$ Hz。求 $u_a(t) + u_b(t) + u_c(t)$ 和 $u_{ab}(t)$。

8-2 如题 8-2 图所示的正弦稳态电路,已知 $\dot{U}_{ab} = 4\angle 0°$ V,求 $\dot{U}_S$。

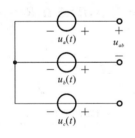

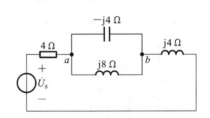

题 8-1 图   题 8-2 图

8-3 如题 8-3 图所示电路中,$u(t) = 30\cos(2t)$ V,$i(t) = 5\cos(2t)$ A,求电路 N 的最简等效串联电路。

8-4 RL 串联电路如题 8-4 图所示,$R = 100$ Ω,$L = 0.1$ mH,电阻上电压 $u(t) = \sqrt{2}\cos(10^6 t)$ V。试求电源电压 $u_S(t)$,并画出电压相量图。

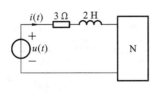

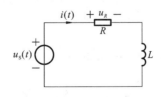

题 8-3 图   题 8-4 图

8-5 正弦稳态电路如题 8-5 图所示,已知 $\dot{U}_S = 200\sqrt{2}\angle 0°$ V,$\omega = 10^3$ rad/s,求 $\dot{I}_C$。

8-6 如题 8-6 图所示电路中,已知 $I_1 = I_2 = 10$ A,求 I 和 U_S。

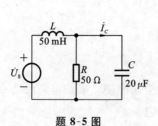

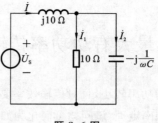

题 8-5 图   题 8-6 图

8-7 正弦稳态电路如题 8-7 图所示,已知 $\dot{U}_S = 100\angle 0°$ V,求 $\dot{U}_{ab}$。

8-8 如题 8-8 图所示电路中,电流表 A_1 的读数为 5 A,电流表 A_2 的读数为 8 A,电流表 A_3 的读数为 4 A,求电流表 A 的读数。

8-9 如题 8-9 图所示电路中,已知仪表为交流测量仪表,其中 V_1 表的读数为 60 V,V_2 表的读数为 80 V,求 V 表的读数。

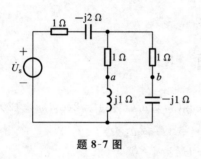

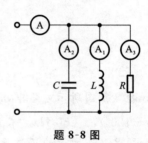

题 8-7 图   题 8-8 图

8-10 如题 8-10 图所示电路中,已知 $I_1 = 10$ A,$I_2 = 10\sqrt{2}$ A,$R = 5$ Ω,$R_2 = X_L$,$U_s = 200$ V,求 I, X_C, X_L 及 R_2。

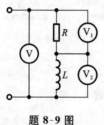

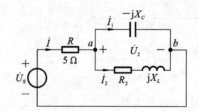

题 8-9 图   题 8-10 图

8-11 如题 8-11 图所示电路中,已知 $I_1 = 5$ A,$I_2 = 5\sqrt{2}$ A,$R_1 = 5$ Ω,$R_2 = X_L$,$U = 220$ V,求 I, X_C, X_L 及 R_2。

8-12 如题 8-12 图所示电路中,已知 $U_1 = 100\sqrt{2}$ V,$U = 500\sqrt{2}$ V,$I_2 = 30$ A,$I_3 = 20$ A,$R = 10$ Ω。求 X_1, X_2, X_3 的值。

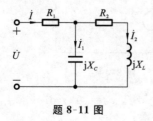

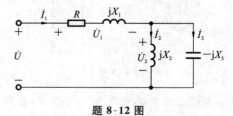

题 8-11 图   题 8-12 图

8-13 如题 8-13 图所示电路中,已知 $U=100$ V,$I=0.1$ A,电路的有功功率 $P=6$ W,电路呈感性,求 R 和 X_L 的值。

8-14 如题 8-14 图所示电路中,已知 $\dot{U}$ 和 $\dot{I}$ 同相位,电路吸收的平均功率 $P=150$ W,求 X_C,U,I。

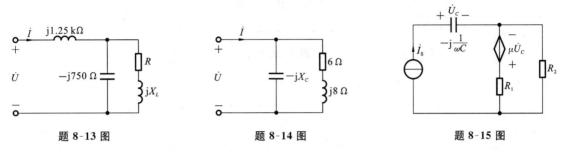

题 8-13 图   题 8-14 图   题 8-15 图

8-15 如题 8-15 图所示电路中,已知电流源 $I_S=10$ A,$R_1=R_2=10$ Ω,$\omega=5000$ rad/s,$\mu=0.5,C=10$ μF,求电路总的输入阻抗及电源的有功功率和无功功率。

8-16 如题 8-16 图所示电路中,已知正弦电源电压 $U_S=220$ V,频率 $f=50$ Hz,感性负载 $Z_L=R+j\omega L$,其功率因数 $\cos\varphi=0.5$,有功功率 $P=1.1$ kW。

(1) 求电阻 R、电感 L 及通过负载的电流 I_L。

(2) 为了提高功率因数,在感性负载上并联一个电容,欲使功率因数提高到 0.8,求所需的电容量 C 和并联电容后电源的输出电流 I。

8-17 如题 8-17 图所示电路中,已知电动机的有功功率 $P=4$ kW,$U=230$ V,$I=27.2$ A,$f=50$ Hz。

(1) 求电动机的功率因数和无功功率 Q。

(2) 如果把电路的功率因数提高到 0.9,求此时应并联电容 C 的值。

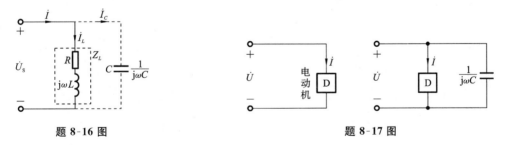

题 8-16 图   题 8-17 图

8-18 正弦稳态相量模型电路如题 8-18 图所示,求负载 Z_L 获得最大功率时的阻抗值及负载吸收的最大功率。

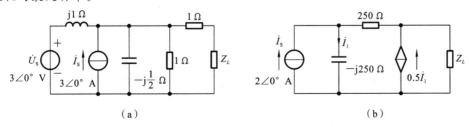

(a)   (b)

题 8-18 图

8-19 如题 8-19 图所示电路中,已知 $i_S(t)=\sqrt{2}\cos(10^4 t)$ A,$Z_1=(10+j50)$ Ω,$Z_2=-j50$ Ω,求 Z_1,Z_2 的复功率,并验证整个电路复功率守恒。

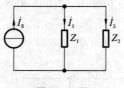

题 8-19 图

第9章 耦合电感

在电工技术中,不仅可利用电感元件的自感现象来实现滤波、延时等功能,而且可利用两个或多个电感线圈间的磁耦合现象来传输能量和信号,并据此制成变压器等重要的电气设备。这类利用了磁耦合现象的设备,在电路理论中可通过耦合电感元件或理想变压器来描述。本章主要介绍耦合电感的电路基础、去耦等效变换的分析方法及理想变压器的主要性能。

9.1 耦合电感的电路基础

9.1.1 自感

在单个载流线圈中,通过线圈的磁通链 Ψ 与流过它的电流 i 成正比,其比例系数为该线圈的自感系数 L,即 $\Psi = Li$,如图 9-1 所示。

当电感线圈中通过的电流发生变换时,必然会在该线圈中引起感应电压。由于此感应电压产生的原因是由本线圈中电流的变化引起的,所以称其为自感电压。当自感电压与通过本线圈中变化的电流的方向作为关联参考方向时,线圈中的自感电压可以写为

图 9-1 自感

$$u = \frac{\mathrm{d}\Psi}{\mathrm{d}t} = L\,\frac{\mathrm{d}i}{\mathrm{d}t}$$

9.1.2 互感

耦合电感元件属于多端元件,在实际电路中,如收音机、电视机中的中周线圈、振荡线圈,整流电源里使用的变压器等都是耦合电感元件。熟悉这类多端元件的特性,掌握包含这类多端元件的电路分析方法是非常必要的。

两个靠得很近的电感线圈之间有磁的耦合,如图 9-2 所示,线圈 N_1 中的电流 i_1 产生的磁通部分会经过线圈 N_2,电流 i_1 的变化会引起线圈 N_2 中磁通链的变化,因此会在线圈 N_2 中产生感应电压。

同理,线圈 N_2 对线圈 N_1 也有同样的影响。

在磁通链 Ψ_{AB} 中,A 代表线圈号,B 代表电流号。

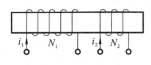

图 9-2 互感

(1)当 A 和 B 相同时,称为自感磁通链,如 Ψ_{11},Ψ_{22}。

(2)当 A 和 B 不同时,称为互感磁通链,如 Ψ_{12},Ψ_{21}。

对于线性电感,线圈 1 对线圈 2 的互感系数与线圈 2 对线圈 1 的互感系数相等,记为 M。即 $\Psi_{12} = Mi_2$,$\Psi_{21} = Mi_1$。

9.1.3 耦合方式

同向耦合（磁通互助）：自感磁通和互感磁通方向一致。

反向耦合（磁通相消）：自感磁通和互感磁通方向相反。

耦合线圈的磁通链等于自感磁通链和互感磁通链的代数和，即

$$\Psi_1 = \Psi_{11} + \Psi_{12}$$
$$\Psi_2 = \Psi_{21} + \Psi_{22}$$

9.1.4 同名端

互感的取正或取负和线圈绕向、电流方向有关。在电路分析中不会把线圈原型画进去，而只画出其电路模型，这样看不出绕向，也就无法弄清耦合方式是同向的还是反向的，所以引入同名端（起消去绕向的作用）。

同名端（用 ∗ 或 · 标注）：当两个电流都从同名端流入（流出）时，其产生的磁通是互助的，反之相消。

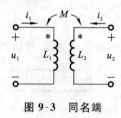

图 9-3 同名端

如图 9-3 所示，两个电感的磁通链分别为

$$\Psi_1 = L_1 i_1 + M i_2$$
$$\Psi_2 = L_2 i_2 + M i_1$$

因为磁通链由两部分构成，所以其感应电压也应由两部分构成

$$u_1 = \frac{\mathrm{d}\Psi_1}{\mathrm{d}t} = L_1 \frac{\mathrm{d}i_1}{\mathrm{d}t} + M \frac{\mathrm{d}i_2}{\mathrm{d}t}$$

$$u_2 = \frac{\mathrm{d}\Psi_2}{\mathrm{d}t} = L_2 \frac{\mathrm{d}i_2}{\mathrm{d}t} + M \frac{\mathrm{d}i_1}{\mathrm{d}t}$$

自感电压和互感电压符号的确定方法如下。

自感电压：看电流和电压的参考方向，关联取正，非关联取负。

互感电压：看互助还是相消，互助与自感电压同号，相消与自感电压异号。

9.1.5 耦合系数

所谓耦合，是指具有互感的两个线圈之间磁场的联系和影响。当两个互感线圈距离较近且平行时，它们之间的磁场联系紧密，漏磁通较小。当两个互感线圈距离较远或线圈轴线相互垂直时，它们之间的磁场联系疏松，漏磁通较大。显然，漏磁通的多少表明了两个互感线圈之间耦合的紧密程度。

耦合系数用来衡量两个互感线圈耦合的紧密程度，$K = \dfrac{M}{\sqrt{L_1 L_2}} \leqslant 1$。

(1) $K = 1$ 时，全耦合，线圈 1 中产生的磁通全部通过线圈 2，反之亦然。

(2) $K = 0$ 时，无耦合，两个线圈无相互影响。

(3) $0 < K < 1$ 时，松耦合，两个线圈的磁通部分通过对方。

例 9-1 如图 9-4 所示，存在两个互感线圈，已知同名端和各线圈上电压电流的参考方向，试写出每一互感线圈上电压与电流之间的关系。

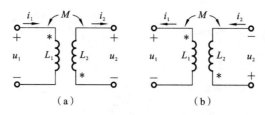

图 9-4 例 9-1 图

解 由图 9-4(a)可得

$$u_1 = L_1 \frac{\mathrm{d}i_1}{\mathrm{d}t} + M \frac{\mathrm{d}i_2}{\mathrm{d}t} \quad （关联、互助）$$

$$u_2 = -L_2 \frac{\mathrm{d}i_2}{\mathrm{d}t} - M \frac{\mathrm{d}i_1}{\mathrm{d}t} \quad （非关联、互助）$$

由图 9-4(b)可得

$$u_1 = -L_1 \frac{\mathrm{d}i_1}{\mathrm{d}t} - M \frac{\mathrm{d}i_2}{\mathrm{d}t} \quad （非关联、互助）$$

$$u_2 = -L_2 \frac{\mathrm{d}i_2}{\mathrm{d}t} - M \frac{\mathrm{d}i_1}{\mathrm{d}t} \quad （非关联、互助）$$

例 9-2 如图 9-5 所示，$i_1(t) = 10$ A，$i_2(t) = 5\cos(10t)$ A，$L_1 = 2$ H，$L_2 = 3$ H，$M = 1$ H，求 u_1 和 u_2。

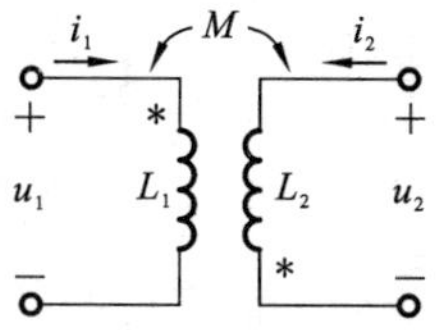

解 由图 9-5 可得

$$u_1 = L_1 \frac{\mathrm{d}i_1}{\mathrm{d}t} - M \frac{\mathrm{d}i_2}{\mathrm{d}t} \quad （关联、相消）$$

$$u_1 = 50\sin(10t) \text{ A}$$

$$u_2 = L_2 \frac{\mathrm{d}i_2}{\mathrm{d}t} - M \frac{\mathrm{d}i_1}{\mathrm{d}t} \quad （关联、相消）$$

$$u_2 = -150\sin(10t) \text{ A}$$

图 9-5 例 9-2 图

9.2 去耦等效变换

对含有耦合电感的正弦交流电路进行分析时，关键是如何处理该电路中的互感和互感电压。若能正确解决这一问题，则对耦合电感电路的分析就与前面所描述的对一般正弦交流电路的分析完全相同了。含有耦合电感的电路通过一定的方法消除互感，称为去耦等效变换。

9.2.1 耦合电感的串联

1）顺向串联

如图 9-6 所示，这样的连接方法称为顺向串联。

（1）画出对应的相量模型如图 9-7 所示。

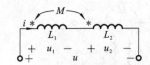

图 9-6 顺向串联

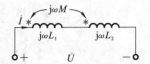

图 9-7 顺向串联的相量模型

（2）根据电流和电压的参考方向及两互感的耦合方式，得

$$\dot{U}_1 = j\omega L_1 \dot{I} + j\omega M \dot{I} \quad （关联、互助）$$

$$\dot{U}_2 = j\omega L_2 \dot{I} + j\omega M \dot{I} \quad （关联、互助）$$

$$\dot{U} = \dot{U}_1 + \dot{U}_2 = j\omega(L_1 + L_2 + 2M)\dot{I}$$

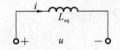

图 9-8 顺向串联的去耦等效电路

（3）去耦等效电路。

顺向串联的去耦等效电路如图 9-8 所示。

在顺向串联时，两个互感线圈的等效电感为

$$L_{eq} = L_1 + L_2 + 2M$$

2）反向串联

如图 9-9 所示，这样的连接方法称为反向串联。

（1）画出对应的相量模型如图 9-10 所示。

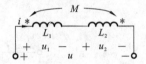

图 9-9 反向串联

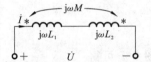

图 9-10 反向串联的相量模型

（2）根据电流和电压的参考方向及两互感的耦合方式，得

$$\dot{U}_1 = j\omega L_1 \dot{I} - j\omega M \dot{I} \quad （关联、相消）$$

$$\dot{U}_2 = j\omega L_2 \dot{I} - j\omega M \dot{I} \quad （关联、相消）$$

$$\dot{U} = \dot{U}_1 + \dot{U}_2 = j\omega(L_1 + L_2 - 2M)\dot{I}$$

（3）去耦等效电路。

反向串联的去耦等效电路如图 9-11 所示。

在反向串联时，两个互感线圈的等效电感为

$$L_{eq} = L_1 + L_2 - 2M$$

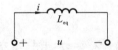

图 9-11 反向串联的去耦等效电路

9.2.2 耦合电感的 T 形连接

如果耦合电感的 2 条支路各有一端与第 3 条支路形成一个仅含 3 条支路的共同节点，则称该连接为耦合电感的 T 形连接。T 形连接的去耦等效分为两种情况。

（1）同名端为共端，如图 9-12 所示。

去耦等效后的电路如图 9-13 所示。注意 A 点的位置变化。

（2）异名端为共端，如图 9-14 所示。

去耦等效后的电路如图 9-15 所示。

由以上两种情况可得出结论如下。

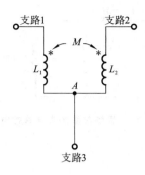

图 9-12　同名端为共端

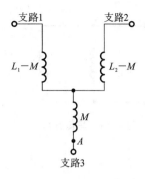

图 9-13　同名端的去耦等效电路

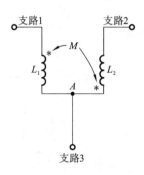

图 9-14　异名端为共端

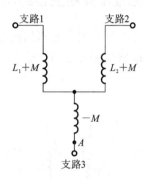

图 9-15　异名端的去耦等效电路

支路 $3:L_3=\pm M$(同名端为共端取正,异名端为共端取负)。

支路 $1:L_1'=L_1\mp M$。

支路 $2:L_2'=L_2\mp M$。

9.2.3　耦合电感的并联

(1) 如图 9-16 所示,把同名端接在端口的同侧端钮上,称为同侧并联。

如图 9-17 所示,通过 T 形连接的结论对同侧并联进行分析。

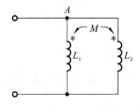

图 9-16　同侧并联

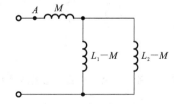

图 9-17　同侧并联的去耦等效电路

$$L_{eq}=M+\frac{(L_1-M)\times(L_2-M)}{L_1-M+L_2-M}=\frac{L_1L_2-M^2}{L_1+L_2-2M}$$

(2) 如图 9-18 所示,把同名端接在端口的异侧端钮上,称为异侧并联。

去耦等效电路如图 9-19 所示。

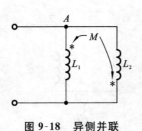

图 9-18 异侧并联　　　　　　　　　　图 9-19 异侧并联的去耦等效电路

$$L_{eq} = \frac{L_1 L_2 - M^2}{L_1 + L_2 + 2M}$$

9.2.4 无直接连接关系的耦合电感

（1）同名端在两个耦合电感的同方向位置，如图 9-20 所示。

去耦等效电路如图 9-21 所示。

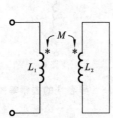

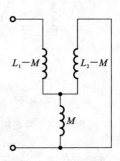

图 9-20 同名端在两个耦合电感的同方向位置　　　图 9-21 同方向的去耦等效电路

（2）同名端在两个耦合电感的异方向位置，如图 9-22 所示。

去耦等效电路如图 9-23 所示。

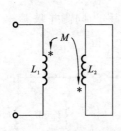

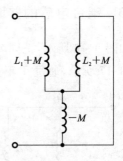

图 9-22 同名端在两个耦合电感的异方向位置　　　图 9-23 异方向的去耦等效电路

例 9-3 如图 9-24 所示，已知 $\omega = 1$ rad/s，求电路中的输入阻抗。

解 去耦等效变换后如图 9-25 所示。

由题意可得

$$Z = \frac{(1+j1) \times 1}{1+j1+1} \ \Omega = (0.2+j0.6) \ \Omega$$

$$Z = (0.2+j0.6) \ \Omega$$

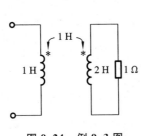

图 9-24 例 9-3 图

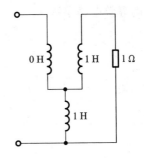

图 9-25 例 9-3 去耦等效电路

例 9-4 如图 9-26 所示,已知 $\omega=1$ rad/s,求电路中的输入阻抗。

解 去耦等效变换后如图 9-27 所示。

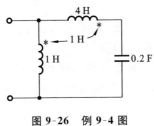

图 9-26 例 9-4 图

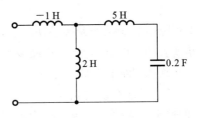

图 9-27 例 9-4 去耦等效电路

画出对应的相量模型如图 9-28 所示。

由题可得

$$Z=\left[-j+\frac{j2\times(j5-j5)}{j2+(j5-j5)}\right]\ \Omega$$

$$Z=-j1\ \Omega$$

例 9-5 如图 9-29 所示,已知 $\omega M=5\ \Omega, \dot{U}_S=12\angle 0^\circ$ V。求 Z_L 在最佳匹配时获得的功率。

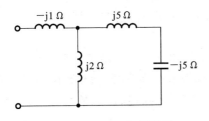

图 9-28 例 9-4 相量模型

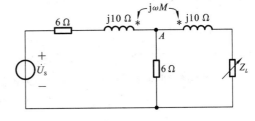

图 9-29 例 9-5 图

(1) 去耦等效变换后的电路如图 9-30 所示。

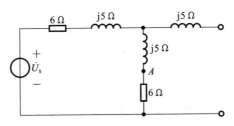

图 9-30 例 9-5 去耦等效电路

（2）戴维南等效电路参数。

$$\dot{U}_{oc} = \frac{1}{2}\dot{U}_s = 6\angle 0° \text{ V}$$

$$Z_{eq} = (3+j7.5) \text{ } \Omega$$

最佳匹配时有

$$Z_L = Z_{eq}^* = (3-j7.5) \text{ } \Omega$$

$$P = \frac{U_{oc}^2}{4R_{eq}} = \frac{36}{12} \text{ W} = 3 \text{ W}$$

9.3 理想变压器

工程实际中的变压器大多是铁芯的,这是因为铁芯的导磁率很高,采用铁芯可使两个互感线圈相互耦合的程度更加紧密,以减少变压器在能量传递过程中的损耗。

两个互感线圈绕制在同一铁芯上,可构成一个最简单的铁芯变压器。在实际工程概算中,为了简化计算,通常在误差允许的范围内,将铁芯变压器看作一个无损耗的电压、电流、阻抗转换器,这种理想化的铁芯变压器称为理想变压器。

9.3.1 变压器理想化的三个条件

理想变压器的电路模型如图 9-31 所示。图中的 N_1、N_2 分别为理想变压器的一次侧线圈匝数和二次侧线圈匝数。

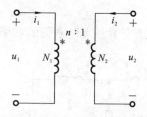

图 9-31 理想变压器的电路模型

而图 9-31 中的 $n = \dfrac{N_1（一次测线圈匝数）}{N_2（二次侧线圈匝数）}$,称为变比。

理想变压器应满足以下三个条件:

（1）无损耗（认为线圈的导线电阻忽略不计）;

（2）全耦合;

（3）极限化（即自感系数和互感系数趋于无穷大）。

显然,理想变压器与耦合电感在本质上已大不相同。理想变压器只需要 1 个参数（变比）来描述,属于静态元件;而耦合电感需要 3 个参数（L_1、L_2 和 M）来描述,是动态元件。

9.3.2 理想变压器的主要性能

1）变压关系（若换成相量也成立）

图 9-32 所示的变压关系为

$$u_1 = nu_2$$

注意:变压关系式的符号仅与电压的参考方向有关。当一次侧电压和二次侧电压的参考方向在同名端的极性相同时,则冠以"＋",反之冠以"－"。

图 9-33 所示的变压关系为

$$u_1 = -nu_2$$

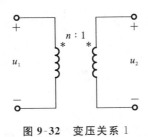

图 9-32　变压关系 1

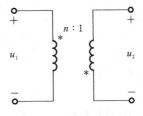

图 9-33　变压关系 2

2）变流关系（若换成相量也成立）

图 9-34 所示的变流关系为

$$i_1 = -\frac{1}{n} i_2$$

注意：变流关系式的符号仅与电流的参考方向有关。当一次测电流和二次侧电流的参考方向同时从同名端流入（流出）时，则冠以"－"，反之冠以"＋"。

图 9-35 所示的变流关系为

$$i_1 = \frac{1}{n} i_2$$

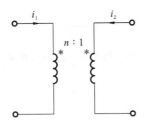

图 9-34　变流关系 1

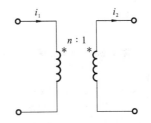

图 9-35　变流关系 2

3）变阻抗关系

如图 9-36 所示，在变压器的二次侧接上负载阻抗 Z。

将虚线框看作整体，则图 9-36 为一个二端网络，可得

$$\dot{U}_1 = n\dot{U}_2 \quad （变压关系）$$

$$\dot{I}_1 = -\frac{1}{n}\dot{I}_2 \quad （变流关系）$$

$$\frac{\dot{U}_1}{\dot{I}_1} = n^2\left(-\frac{\dot{U}_2}{\dot{I}_2}\right)$$

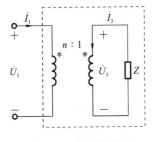

图 9-36　变阻抗关系

由于 Z 两端的电压和电流为非关联参考方向，所以 $-\dfrac{\dot{U}_2}{\dot{I}_2} = Z$，可得

$$\frac{\dot{U}_1}{\dot{I}_1} = n^2 Z$$

因此，变阻抗后，一次侧的等效电路如图 9-37 所示。

注意：变阻抗关系式的符号与电压、电流的参考方向无关。

4）功率性质

一次侧功率为

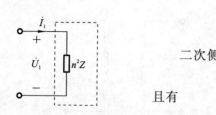

图 9-37　一次侧的等效电路

$$p_1 = u_1 i_1 = n u_2 \times \left(-\frac{1}{n} i_2\right) = -u_2 i_2$$

二次侧功率为

$$p_2 = u_2 i_2$$

且有

$$p_1 + p_2 = 0$$

可以看出，理想变压器既不储能也不耗能，在电路中只起到传递信号的作用。

例 9-6　如图 9-38 所示，已知 $\dot{U}_S = 10\angle 0° \text{ V}$，求 $\dot{U}_2$。

解　要求 $\dot{U}_2$，可先求 $\dot{U}_1$，再用变压关系求 $\dot{U}_2$。

（1）利用变阻抗关系，画出一次侧的等效电路，如图 9-39 所示。

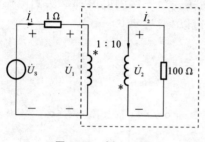

图 9-38　例 9-6 图

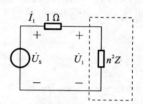

图 9-39　例 9-6 一次侧的等效电路

由题可得

$$n^2 Z = \left(\frac{1}{10}\right)^2 \times 100 \ \Omega = 1 \ \Omega$$

$$\dot{U}_1 = 5\angle 0° \text{ V}$$

（2）利用变压关系，求 $\dot{U}_2$。

由题可得

$$\dot{U}_1 = -n \dot{U}_2$$

$$\dot{U}_2 = -50\angle 0° \text{ V}$$

习　题　9

9-1　求如题 9-1 图所示电路的端口等效电感 L。

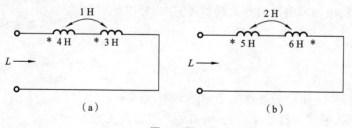

（a）　　　　　　　　　　（b）

题 9-1 图

9-2　求如题 9-2 图所示电路的端口等效电感 L。

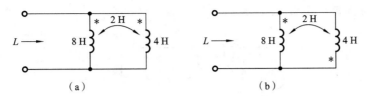

题 9-2 图

9-3 求如题 9-3 图所示电路的端口等效电感 L。

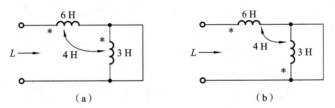

题 9-3 图

9-4 求如题 9-4 图所示电路的端口等效电感 L。

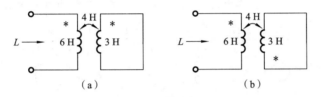

题 9-4 图

9-5 如题 9-5 图所示电路中，已知 $u(t)=2\cos(2t+45°)$ V，$L_1=L_2=1.5$ H，$M=0.5$ H，$R=1$ Ω，$C=0.25$ μF。求 I_1，I_2，U_2 及电路吸收的有功功率 P。

9-6 如题 9-6 图所示电路中，试用去耦等效的方法求端口开路电压 $\dot{U}_{oc}$ 和电压 $\dot{U}_1$。已知 $\dot{I}_S=2\angle 0°$ A，$j\omega L_1=j8$ Ω，$j\omega M=j4$ Ω。

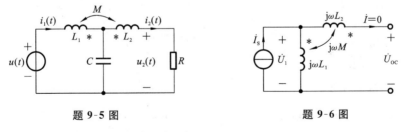

题 9-5 图   题 9-6 图

9-7 如题 9-7 图所示电路，求 $\dot{U}_1$，$\dot{U}_2$，$\dot{I}_2$ 及电路吸收的有功功率 P。

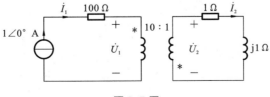

题 9-7 图

9-8 如题 9-8 图所示电路中，求 $\dot{I}_C$，$\dot{U}_C$。

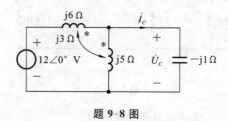

题 **9-8** 图

9-9 如题 9-9 图所示电路中，求 $\dot{U}_S$，$\dot{I}_2$，$\dot{U}_1$，$\dot{U}_2$ 及电流源发出的平均功率 P。

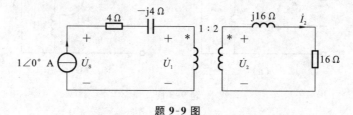

题 **9-9** 图

9-10 如题 9-10 图所示电路中，求 $\dot{I}_1$，$\dot{U}_2$ 及 5 Ω 和 25 Ω 电阻各自消耗的功率。

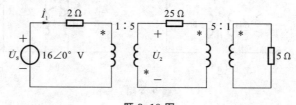

题 **9-10** 图

9-11 如题 9-11 图所示电路中，求电压 $\dot{U}_2$。

9-12 如题 9-12 图所示电路中，问：当 R 为何值时获得最大功率，并求此最大功率。

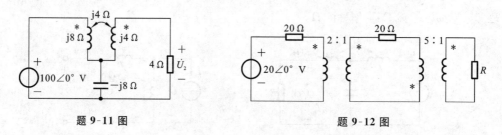

题 **9-11** 图　　　　　　　　　　　　题 **9-12** 图

9-13 如题 9-13 图所示电路中，问：当 Z 为何值时获得最大功率 P_m，此时，P_m 的值是多少？

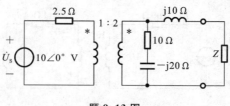

题 **9-13** 图

9-14 电路如题 9-14 图(a)所示，电路中 $\dot{U}_S$，R_S 分别为某晶体管收音机低频功放电路的等效电源和输出电阻,R_L 为负载(动圈式扬声器,阻抗 $R_L = 8\ \Omega$)。已知 $\dot{U}_S = 6\angle 0°\ \mathrm{V}, R_S = 72$ Ω ,试求:

(1)功放电路直接与负载连接时 R_L 吸收的功率;

(2)若在功放电路与负载间插入一理想变压器,如题 9-14 图(b)所示,为使负载能获得最大功率,理想变压器的变比 n 应等于多少,并计算 R_L 上获得的最大功率。

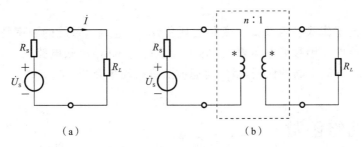

(a) (b)

题 9-14 图

9-15 含理想变压器的电路如题 9-15 图所示,负载 Z_L 可调。问:Z_L 为多少时,其上可获得最大功率,并求此最大功率值。

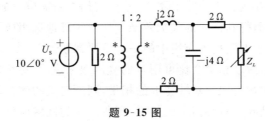

题 9-15 图

第 10 章　电路的频率响应

电路和系统的工作状态随频率而变化的现象,称为电路和系统的频率特性,又称频率响应。本章首先介绍网络函数的基本概念,然后着重讨论 RLC 串联电路的谐振特性与频率响应,接着讨论 RLC 并联电路的谐振,最后对滤波器进行简单介绍。

10.1　网络函数

研究电路的频率特性,在无线电技术和电子电路中有着重要的意义。例如,在电话传输电路中,希望能让有用的音频信号顺利通过而对高于音频的干扰信号能进行较强的衰减,从而保证传输语音清晰。又如,在收音机接收电路中,希望它们对所需电台的信号有良好的响应而对其他信号能加以抑制,从而得到良好的收听效果。如何正确地选用或设计电路,使它的频率特性适应人们的需要,是电子电路技术应用中的一个重要课题。

电路响应相量和电路激励相量之比可用 ω 的复函数来表示,称为网络函数 $H(j\omega)$。

若响应相量与激励相量为同一对端钮上的相量,则所定义的网络函数称为驱动点函数;若响应相量和激励相量不是同一对端钮上的相量,则所定义的网络函数称为转移函数。

复函数 $H(j\omega)$ 的模和 ω 的关系称为网络的幅频特性。

复函数 $H(j\omega)$ 的辐角和 ω 的关系称为网络的相频特性。

10.2　RLC 串联电路谐振

电路中的谐振是电路的一种特殊工作状况。本节将重点讨论电路产生谐振的条件及 RLC 串联电路发生谐振时的电路特性。

10.2.1　谐振条件

图 10-1 所示的为 RLC 构成的串联电路。当其等效阻抗的虚部为零时,整个电路的阻抗等于 R,此时电压和电流同相,则称这一工作状况为串联谐振。令

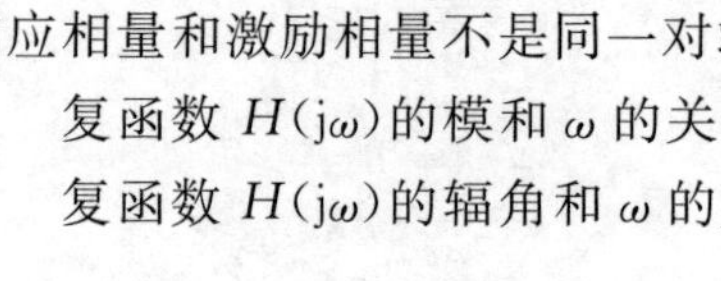

$$\omega_0 L - \frac{1}{\omega_0 C} = 0$$

$$\omega_0 = \frac{1}{\sqrt{LC}} \quad \text{(电路固有角频率)}$$

又

$$\omega_0 = 2\pi f_0$$

图 10-1　RLC 串联电路

得

$$f_0 = \frac{1}{2\pi\sqrt{LC}} \text{（电路固有频率）}$$

f_0 称为电路的固有频率,当输入信号的频率和 f_0 相同时,则该电路发生谐振。

如果电路中的 L、C 可调,就可以改变电路的固有频率,则 RLC 串联电路就具有选择任一频率发生谐振的性能。

10.2.2　谐振特性

图 10-2 和图 10-3 分别为 RLC 串联电路等效阻抗的幅频特性曲线和相频特性曲线。由幅频特性曲线和相频特性曲线可以得出以下电路发生谐振时的特性。

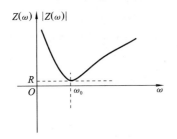
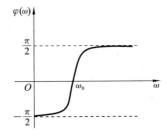

图 10-2　RLC 串联电路等效阻抗的幅频特性曲线　　**图 10-3　RLC 串联电路等效阻抗的相频特性曲线**

（1）阻抗模最小,电压和电流同相。

$$|Z_{(j\omega_0)}| = \sqrt{R^2 + \left(\omega_0 L - \frac{1}{\omega_0 C}\right)^2} = R$$

（2）电路中电流的有效值最大。

$$I_{(j\omega_0)} = \frac{U_{S(j\omega_0)}}{|Z_{(j\omega_0)}|} = \frac{U_{S(j\omega_0)}}{R}$$

$I_{(j\omega_0)}$ 称为谐振峰,当电源电压不变时,谐振峰仅与电阻 R 有关,所以电阻 R 是唯一能调节谐振峰大小的元件。

（3）电感电压和电容电压的大小相等,方向相反。

$$U_{L(j\omega_0)} = U_{C(j\omega_0)}$$

$$\dot{U}_{L(j\omega_0)} + \dot{U}_{C(j\omega_0)} = 0$$

因此,当电路发生谐振时,分别测量电感和电容两端的电压,电压表示数相同。而将电感和电容当作一个整体测量时,电压表示数为零。所以,串联谐振亦称为电压谐振。

（4）谐振时电路的有功功率最大。

由前文知

$$P = UI\cos\varphi \tag{10-1}$$

谐振时电路呈现纯阻性,$\cos\varphi = 1$,有功功率达到最大。

电感和电容的无功功率分别为

$$Q_L = I^2 \omega_0 L$$

$$Q_C = -I^2 \frac{1}{\omega_0 C}$$

而 $\omega_0 L - \dfrac{1}{\omega_0 C} = 0$，所以此时电源不向电路输送无功功率，电感的无功功率和电容的无功功率大小相等，互相补偿，彼此之间进行能量交换。

10.2.3　品质因数

在 RLC 串联电路中，将发生谐振时电感电压或电容电压的有效值与电压源电压有效值的比值称为品质因数，记为 Q（注意与无功功率区分），Q 的表达式为

$$Q = \frac{U_{L0}}{U_s} = \frac{U_{C0}}{U_s} = \frac{\omega_0 L}{R} = \frac{\dfrac{1}{\omega_0 C}}{R} = \frac{1}{R}\sqrt{\frac{L}{C}} \tag{10-2}$$

品质因数 Q 综合反映了电路中的三个参数（R、L、C）对谐振状态的影响。

$U_{L0} = U_{C0} = QU_s$，当 Q 值大于 1 时，电感和电容两端将出现比电源电压还高的过电压。

在高压系统中（电源电压基数大），这种过电压很高，可能危及系统安全（所以要避免谐振）。

在低压系统中（电源电压基数小），过电压相当于对输入信号的放大（应用谐振），Q 的表达式为

$$Q = \frac{\omega_0 L}{R} = \omega_0 \frac{I_0^2 L}{I_0^2 R} = \frac{2\pi}{T_0} \cdot \frac{I_0^2 L}{I_0^2 R} = 2\pi \frac{I_0^2 L}{I_0^2 R T_0} \tag{10-3}$$

式(10-3)中的分子为电路的总储能（电容和电感相等，各占一半），分母为电路总耗能。Q 值越大总储能就越大（因为电容电压越大），则总耗能就越小（因为总能量不变），说明维持振荡需要的能量就越小。则振荡电路的"品质"越好，一般希望在发生谐振时，尽量提高 Q 值。

例 10-1　RLC 串联电路中，$U_s = 0.1$ V，$L = 2\ \mu$H，$C = 200$ PF，$R = 1\ \Omega$，电流 $I = 0.1$ A。求正弦电压源 U_s 的角频率和电容电压 U_C、电感电压 U_L 以及电路的 Q 值。

解　由已知得

$$Q = \frac{1}{R}\sqrt{\frac{L}{C}} = 100$$

$$|Z| = \frac{U_s}{I} = \sqrt{R^2 + X^2} = 1$$

由于 $R = 1\ \Omega$，所以 $X = 0$，说明此时电路发生谐振，则

$$\omega = \omega_0 = \frac{1}{\sqrt{LC}} = 50 \times 10^6\ \text{rad/s}$$

$$U_L = U_C = QU_s = 10\ \text{V}$$

对于此种类型的问题，应先分析阻抗性质，判断电路是否处于谐振状态。

例 10-2　在 RLC 串联电路中，$U_s = 10$ V，$\omega = 3000$ rad/s 时，电路发生谐振，测得此时电路中的电流 $I = 0.1$ A，电感两端的电压 $U_L = 200$ V。求 R、L、C 及电路的品质因数 Q。

解　由于此时电路处于谐振状态，所以有

$$Q = \frac{U_{L0}}{U_s} = 20$$

$$R = \frac{U_s}{I_0} = 100\ \Omega$$

因为 $Q=\dfrac{\omega_0 L}{R}$，所以 $L=\dfrac{QR}{\omega_0}=\dfrac{2}{3}$ H。

又因为 $Q=\dfrac{1}{R}\sqrt{\dfrac{L}{C}}$，所以 $C=\dfrac{L}{Q^2 R^2}=\dfrac{1}{6}$ μF。

对于已知电路处于谐振状态的情况，要先计算出 Q 值，因为 Q 能将发生谐振时的每个物理量关联起来，然后再以 Q 值为起点计算其他物理量的值。

例 10-3 收音机输入回路为 RLC 串联电路，已知 $L=0.3$ mH，$R=10$ Ω，为收到中央电台 560 kHz 的信号，(1) 调谐电容 C 的值应为多少；(2) 若输入电压 $U_s=1.5$ μV，求谐振电流和此时的电感电压；(3) 求电路的品质因数 Q。

解 依题意可知，电路在 560 kHz 时发生谐振，则

$$\omega_0=2\pi f_0$$

$$C=\frac{1}{\omega_0^2 L}\approx 269 \text{ pF}$$

$$I_0=\frac{U_s}{R}=\frac{1.5}{10}\ \mu\text{A}=0.15\ \mu\text{A}$$

$$Q=\frac{\omega_0 L}{R}\approx 105.6$$

$$U_{L0}=QU_s=158.5\ \mu\text{V}$$

10.3 RLC 串联电路的频率响应

10.3.1 RLC 串联谐振电路的选择性

当输入信号 U_s 的幅值不变而频率 ω 变动时，这犹如在输入端口输入变量 ω，而在不同的窗口（输出端口）观察频率 ω 的响应，这些网络函数的频率特性统称为电路的频率响应。

接收端与输入端之比为

$$H(\text{j}\omega)=\frac{\dot{U}_{R(\text{j}\omega)}}{\dot{U}_{S(\text{j}\omega)}}=\frac{R}{R+\text{j}\left(\omega L-\dfrac{1}{\omega C}\right)} \tag{10-4}$$

引入 $\eta=\dfrac{\omega}{\omega_0}$（相对频率），用来表示当前频率偏离谐振频率的程度。

当 $\eta=1$ 时，电路发生谐振。

将 $\omega=\eta\omega_0$ 代入式(10-4)得

$$H(\text{j}\omega)=\frac{R}{R+\text{j}\left(\eta\omega_0 L-\dfrac{1}{\eta}\cdot\dfrac{1}{\omega_0 C}\right)}=\frac{1}{1+\text{j}\left(\eta\dfrac{\omega_0 L}{R}-\dfrac{1}{\eta}\cdot\dfrac{1}{\omega_0 CR}\right)}$$

$$H(\text{j}\eta)=\frac{1}{1+\text{j}Q\left(\eta-\dfrac{1}{\eta}\right)} \tag{10-5}$$

$H(\text{j}\eta)$ 关于 Q 和 η 的曲线如图 10-4 所示，可以得出以下结论。

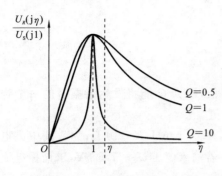

图 10-4　$H(\mathrm{j}\eta)$ 关于 Q 和 η 的曲线

（1）谐振电路具有选择性。

在谐振点响应出现峰值，当 ω 偏离 ω_0 时，其输出下降。即串联谐振电路对不同频率信号有不同的响应，对谐振信号最突出（响应最大），而对远离谐振频率的信号具有抑制能力。这种对不同输入信号的选择能力称为选择性。

（2）谐振电路的选择性与 Q 成正比。

Q 越大，谐振曲线越陡。电路对非谐振频率的信号具有较强的抑制能力，所以其选择性好。因此 Q 是反映谐振电路性质的一个重要指标。

10.3.2　RLC 串联谐振电路的有效工作频段（通频带）

声音学研究表明，在信号功率下降至原有值的一半前，人的听觉分辨不出。

具有不同 ω 的信号进入接受系统内部，在 R 上的响应都会有一定程度的衰减（谐振时除外），只要功率保持在原有的一半以上，则认为其具有工程实际应用价值。

由前述可知，功率为原信号的 $1/2$ 时，即为信号工程实际应用的分界线。

因为 $P=\dfrac{U^2}{R}$，所以当功率为原来功率的一半时，电压为原来的 $\dfrac{\sqrt{2}}{2}$，即

$$|H(\mathrm{j}\eta)|=|\frac{\dot{U}_R}{\dot{U}_S}|=\frac{1}{\sqrt{1+\left[Q\left(\eta-\frac{1}{\eta}\right)\right]^2}}=\frac{\sqrt{2}}{2}$$

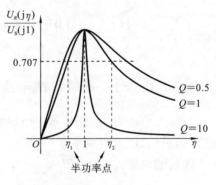

图 10-5　半功率点

半功率点的位置如图 10-5 所示。

由上式可知

$$\left[Q\left(\eta-\frac{1}{\eta}\right)\right]^2=1$$

1）下限频率

当 $\eta<1$ 时，信号频率位于谐振频率左侧（小于），此时

$$Q\left(\eta-\frac{1}{\eta}\right)=-1$$

$\eta_1=-\dfrac{1}{2Q}+\sqrt{\dfrac{1}{4Q^2}+1}$，则 $\omega_1=\eta_1\omega_0$，称为下限频率。

$\eta_1'=-\dfrac{1}{2Q}-\sqrt{\dfrac{1}{4Q^2}+1}$（舍去，因为 $\eta>0$）。

2）上限频率

当 $\eta>1$ 时，信号频率位于谐振频率右侧（大于），此时

$$Q\left(\eta-\frac{1}{\eta}\right)=1$$

$\eta_2=\dfrac{1}{2Q}+\sqrt{\dfrac{1}{4Q^2}+1}$，则 $\omega_2=\eta_2\omega_0$，称为上限频率。

$$\eta'_2 = \frac{1}{2Q} - \sqrt{\frac{1}{4Q^2}+1} \; (舍去，因为 \; \eta > 1)。$$

3）通频带

$\omega_1 \sim \omega_2$ 的范围称为输入信号的通频带，$BW = \omega_2 - \omega_1 = (\eta_2 - \eta_1)\omega_0 = \frac{\omega_0}{Q}$ 称为通频带的带宽（通频带的带宽亦可用 $f_2 - f_1$ 表示）。可以看出，BW 和 Q 成反比，说明通频带带宽和选择性不可兼得。

有时也用增益（G）来衡量有效工作频段，增益的单位为分贝（dB），其表达式为

$$G = 20\lg \; 放大倍数 \tag{10-6}$$

例如，当信号放大 10000 倍时，$G = 20\lg 10000 \; dB = 80 \; dB$（数值变小，读写方便）；而当信号保持原有幅度时，$G = 20\lg 1 \; dB = 0 \; dB$。

由此可知：$G > 0$ 时，信号被放大；$G < 0$ 时，信号被衰减。

$G_{半功率}$ 的计算为

$$G_{半功率} = 20\lg \frac{\sqrt{2}}{2} \; dB = -3 \; dB$$

即，信号为原有幅度的 $\frac{\sqrt{2}}{2}$，相当于被衰减了 3 dB。所以，半功率点也叫作 3 dB 点。

例 10-4 一信号源与 RLC 电路串联，要求 $f_0 = 10^4 \; Hz$，$\Delta f = 100 \; Hz$，$R = 15 \; \Omega$，请设计一个线性电路。

解 由已知得

$$BW = \Delta\omega = \omega_2 - \omega_1 = \frac{\omega_0}{Q}$$

$$Q = \frac{\omega_0}{\Delta\omega} = \frac{2\pi f_0}{2\pi \Delta f} = \frac{10^4}{100} = 100$$

$$Q = \frac{\omega_0 L}{R}$$

$$L = \frac{RQ}{\omega_0} \approx 39.8 \; mH$$

$$Q = \frac{1}{\omega_0 CR}$$

$$C = \frac{1}{\omega_0 QR} \approx 6470 \; pF$$

10.4　RLC 并联电路的谐振

1）谐振条件

RLC 并联电路的等效导纳为

$$Y = G + j\left(\omega C - \frac{1}{\omega L}\right)$$

令并联电路等效导纳的虚部为零，得

$$\omega_0 L - \frac{1}{\omega_0 C} = 0$$

$$\omega_0 = \frac{1}{\sqrt{LC}} \quad （电路固有角频率）$$

又

$$\omega_0 = 2\pi f_0$$

得

$$f_0 = \frac{1}{2\pi \sqrt{LC}} \quad （电路固有频率）$$

f_0 称为电路的固有频率，当输入信号的频率和 f_0 相同时，引起电路发生谐振。

可见 RLC 并联电路的谐振条件和 RLC 串联电路的完全一样。如果电路中的 L、C 可调，就可以改变电路的固有频率，则 RLC 并联电路也具有选择任一频率发生谐振的性能。

2）谐振特性

（1）由于导纳模最小，所以阻抗模最大。

（2）当电流源有效值一定时，端电压达到最大。

（3）电感电流和电容电流的大小相等，方向相反。

因此，当电路发生谐振时，分别测量流过电感和电容的电流，电流表示数相同。而将电感和电容当作一个整体测量时，电流表示数为零。所以，并联谐振亦称为电流谐振。

3）品质因数

RLC 并联电路中将发生谐振时电感电流或电容电流的有效值与电流源电流有效值的比值称为品质因数，记为 Q

$$Q = \frac{I_{L0}}{I_S} = \frac{I_{C0}}{I_S} = \frac{\omega_0 C}{G} = \frac{1}{\omega_0 L G} = \frac{1}{G}\sqrt{\frac{C}{L}} \tag{10-7}$$

10.5　滤波器简介

滤波器是一类电路，其有一个输入信号（电压或电流）的端口和一个输出信号的端口。它对输入的不同频率的信号具有不同的或者说是有选择性的响应，该响应可以使所需要的频率范围的信号通过，而使所不需要的频率范围的信号受到阻止或抑制。一个一定的频率范围常称为一个频带。信号可以通过滤波器的频带称为该滤波器的通频带，或称通带；信号被阻止通过的频带称为阻带。通带和阻带交界处的频率叫作截止频率。

10.5.1　滤波器的分类

按照滤波器的频率特性可将其分为低通滤波器，高通滤波器，带通滤波器，带阻滤波器等。

低通滤波器是最常用的一种，主要用在干扰信号频率比工作信号频率高的场合，如在音箱的分配器中应用，将信号中的低音分离出来，送入单独的放大器，从而使得低音音箱能够工作。

高通滤波器用于干扰信号频率比工作信号频率低的场合，如在一些靠近电源线的敏感信号上滤除电源谐波造成的干扰。

带通滤波器用于信号频率仅占较窄带宽的场合，如通信接收机天线端口上要安装带通滤波器,它仅允许相应频率的信号通过。

带阻滤波器用于干扰频率带宽较窄,而信号频率较宽的场合,如距离大功率电台很近的电缆端口处要安装带阻频率等于电台发射频率的带阻滤波器。

10.5.2　低通滤波器工作原理

下面以如图 10-6 所示的 LC 低通滤波器为例来简要说明低通滤波器的工作原理。

$$\frac{\dot{U}_R}{\dot{U}_S}=\frac{R}{R+j\omega L}=\frac{1}{1+j\dfrac{\omega L}{R}}$$

令 $\left|\dfrac{\dot{U}_R}{\dot{U}_S}\right|=\dfrac{\sqrt{2}}{2}$,则

$$\frac{1}{\sqrt{1+(\dfrac{\omega L}{R})^2}}=\frac{\sqrt{2}}{2}$$

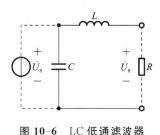

图 10-6　LC 低通滤波器

可得

$$\frac{\omega_P L}{R}=1$$

则截止角频率为

$$\omega_P=\frac{R}{L}$$

则截止频率为

$$f_P=\frac{R}{2\pi L}$$

$$\frac{\omega L}{R}=\frac{\omega}{\omega_P}=\frac{f}{f_P}$$

$$Q=\left|\frac{\dot{U}_R}{\dot{U}_S}\right|=\frac{1}{\sqrt{1+\left(\dfrac{f}{f_P}\right)^2}}$$

(1) 当 $f<f_P$ 时,有 $\dfrac{f}{f_P}<1$,$\left|\dfrac{\dot{U}_R}{\dot{U}_S}\right|>\dfrac{\sqrt{2}}{2}$,即当信号频率小于滤波器截止频率时,信号有效(通过)。

(2) 当 $f>f_P$ 时,有 $\dfrac{f}{f_P}>1$,$\left|\dfrac{\dot{U}_R}{\dot{U}_S}\right|<\dfrac{\sqrt{2}}{2}$,即当信号频率大于滤波器截止频率时,信号无效(滤除)。

其他类型滤波器的工作原理不在这里赘述,读者可以参考上述方法进行分析。

习　题　10

10-1　RLC 串联电路中,已知 $L=50\ \mu H$,$C=200\ pF$,$R=10\ \Omega$,$U_S=1\ mV$。

(1) 求电路的固有频率。

(2) 求谐振电流 I_0。

(3) 求谐振时电感两端的电压 U_{L0}。

10-2　如题 10-2 图所示电路中,电源电压 $U=10\ V$,角频率 $\omega=5000\ rad/s$。调节电容 C

使电路中的电流达到最大,这时电流为 200 mA,电容电压为 600 V。求 R、L、C 的值及回路的品质因数。

10-3 如题 10-3 图所示电路中,$i(t)=10\sqrt{2}(\cos 10^3 t+60°)$ A,电路已工作于谐振状态。

(1) 求电容 C 的值;

(2) 求电流源发出的功率 P。

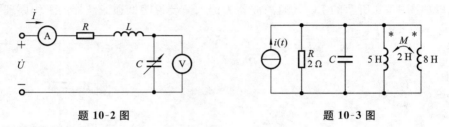

题 10-2 图   题 10-3 图

10-4 如题 10-4 图所示的 RLC 串联电路。已知信号源 $\dot{U}_S=1$ V,频率 $f=1$ MHz,先调节 C 使电路发生谐振,这时电路中的电流 $I_0=100$ mA,电容器两端的电压 $U_{C0}=100$ V。试求:电路参数 R,L,C 及品质因数 Q 与通频带 BW。

10-5 如题 10-5 图所示的 RLC 串联电路,已知 $R=10$ Ω,回路的品质因数 $Q=100$,谐振频率 $f_0=1000$ kHz。

(1) 求该电路的通频带 BW。

(2) 若外加电压源使电路发生谐振,且 $U_S=100$ μV,求此时电路中的电流。

10-6 如题 10-6 图所示的 RLC 串联电路,已知该电路的固有频率 $f_0=10$ kHz,通频带 BW=100 Hz,$R=10$ Ω,$L=0.1$ H,求电容 C 的数值。

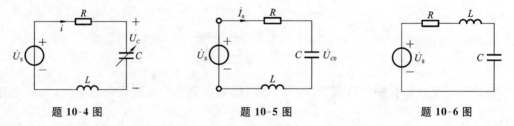

题 10-4 图   题 10-5 图   题 10-6 图

10-7 如题 10-7 图所示电路中,已知 $L=10$ mH,$C=400$ pF,$R=40$ Ω。

(1) 求谐振频率 f_0 和品质因数 Q。

(2) 当外接电压 $\dot{U}=10\angle 0°$ V 时,求谐振时各支路的电流。

(3) 当输入电流 $\dot{I}=10\angle 0°$ μA 时,求谐振时的电容电压 U_{C0}。

10-8 某电视接收机输入电路的次级为并联谐振电路,如题 10-8 图所示。已知电容 $C=10$ pF,回路的谐振频率 $f_0=80$ MHz,线圈的品质因数 $Q=100$。求线圈的电感 L 及电路的通频带 BW。

10-9 题 10-9 图所示的电路已工作于谐振状态,已知 $L=40$ μH,$C=40$ pF,$R=60$ kΩ,$I_S=0.5$ mA。

(1) 求电流源的角频率 ω。

(2) 求输出电压 U_0。

(3) 求 I_{L0} 和 I_{C0}。

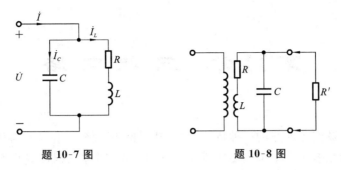

题 10-7 图   题 10-8 图

10-10   如题 10-10 图所示的并联谐振电路,当发生并联谐振时电流表的读数是多少?

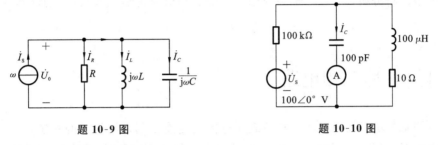

题 10-9 图   题 10-10 图

10-11   如题 10-11 图所示电路中,电源的有效值大小不变而其角频率可以改变,当电流表读数最大时,电源 u_S 的角频率是多少?

10-12   如题 10-11 图所示电路中,已知 $L=1$ H, $C=100$ μF, $R=100$ Ω。

(1) 求该电路的固有角频率和固有频率。

(2) 若 $\dot{U}=10\angle 0°$ V,求谐振时的 $\dot{I}$, $\dot{I}_L$, $\dot{I}_C$ 及 $\dot{U}_C$。

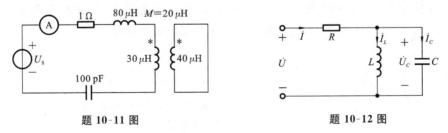

题 10-11 图   题 10-12 图

10-13   一个电感为 0.25 mH,电阻为 25 Ω 的线圈与 85 pF 的电容并联。试求该电路谐振时的频率及谐振时的阻抗。

10-14   求如题 10-14 图所示电路的固有角频率。

10-15   电路如题 10-15 图所示,已知电流源 $I_S=1$ A, $R_1=R_2=100$ Ω, $L=0.2$ H,当 $\omega=1000$ rad/s 时电路发生谐振。求电路谐振时电容 C 的值和电流源的端电压。

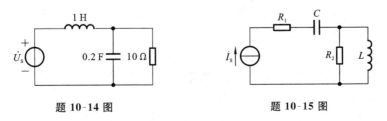

题 10-14 图   题 10-15 图

第11章 三相电路

三相电路是正弦交流电路的一种特殊形式,其因价格经济、工作可靠等优点而被广泛应用于世界各国的电力系统中。本章主要介绍对称三相电源、对称三相负载及不同连接方式下对称三相电路中各相、线电压(电流)之间的关系。根据对称三相电路的性质,得出将这种电路转换为单相电路进行分析的方法。简单介绍不对称三相电路的概念,讨论三相电路的功率及其测量方法。

11.1 对称三相电路

三相电路就是由三相电源和三相负载通过传输线连接起来所组成的系统,其本质上依然是正弦交流电路。当构成三相电路的电源、负载及传输线都对称时,就称其为对称三相电路。

11.1.1 对称三相电源

在三相供电系统中,将频率相等、幅值相等、相位依次相差 120°的电源称为对称三相电源。

图 11-1 所示为对称三相电源的电路符号,A、B、C 称为始端,X、Y、Z 称为末端。

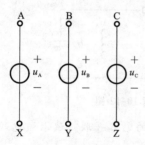

图 11-1 对称三相电源的电路符号

对称三相电压的瞬时值表达式为

$$u_A(t) = \sqrt{2}U\cos\omega t$$
$$u_B(t) = \sqrt{2}U\cos(\omega t - 120°)$$
$$u_C(t) = \sqrt{2}U\cos(\omega t + 120°)$$

对称三相电压的相量为

$$\dot{U}_A = U\angle 0°$$
$$\dot{U}_B = U\angle -120°$$
$$\dot{U}_C = U\angle 120°$$

图 11-2 所示的为对称三相电压的相量图。

对称三相电压的相量之和为零,即

$$\dot{U}_A + \dot{U}_B + \dot{U}_C = 0$$

对称三相电压的瞬时值之和也为零,即

$$u_A + u_B + u_C = 0$$

对称三相电源中的每一相经过同一值(如正的最大值)的先后次序称为相序。对于上述对称三相电源,A 相超前 B 相 120°,B 相超前 C 相 120°,则称它们的相序为正序或顺序。任

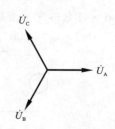

图 11-2 对称三相电压的相量图

意将其中两相的位置互换,则称它们的相序为负序或逆序。

若对称三相电源正序供电时三相异步电动机正转,则负序供电时三相异步电动机反转。

11.1.2 对称三相电源的连接方式

1) 星形(Y 形)连接

图 11-3 所示,把三个电源的末端 X、Y、Z 接在一起,由始端 A、B、C 引出三根端线的连接方式称为对称三相电源星形连接。

末端 X、Y、Z 接在一起的点称为对称三相电源的中性点,用 N 表示。由 N 引出来的线称为中性线(俗称零线),图 11-3 所示的供电方式称为三相四线制(三条端线和一条中性线,俗称三火一零),如果没有中性线则称为三相三线制。

2) 三角形(△形)连接

图 11-4 所示,把三个电源的始末端顺序相接,由三个连接点引出三根端线的连接方式称为对称三相电源的三角形连接。对称三相电源连接成三角形时没有中性点,所以没有中性线,这种情况下的供电方式只有三相三线制。

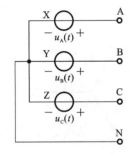

图 11-3　三相电源的星形连接

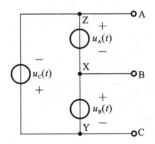

图 11-4　三相电源的三角形连接

11.1.3 对称三相负载及其连接方式

对称三相负载是三个完全相同的负载(例如三相电动机的三个绕组),它们一般也连接成星形和三角形,如图 11-5 和图 11-6 所示。

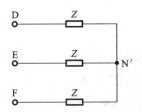

图 11-5　三相负载的星形连接

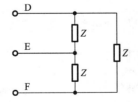

图 11-6　三相负载的三角形连接

11.2 对称三相电路的重要关系式

在对称三相电路中,线电压与相电压、线电流与相电流在电源侧和负载侧具有相同的关系式。

11.2.1 用电源侧来推导线电压与相电压的关系式

用电源侧来推导线电压与相电压时,线电压、相电压、线电流和相电流的定义如下。

线电压:电源端线与端线间的电压。

相电压:每个电源两端的电压。

线电流:电源端线中的电流。

相电流:每个电源中的电流。

1) 星形(Y 形)连接

图 11-7 所示,星形连接的对称三相电源的线电压和相电压有以下关系

$$\dot{U}_A - \dot{U}_B - \dot{U}_{AB} = 0$$

得

$$\dot{U}_{AB} = \dot{U}_A - \dot{U}_B$$

$$\dot{U}_{AB} = \dot{U}_A + (-\dot{U}_B)$$

画出相量图如图 11-8 所示。

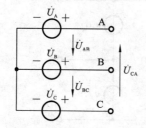

图 11-7　星形连接的对称三相电源

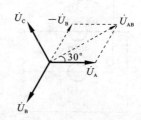

图 11-8　星形连接的对称三相电源电压的相量图

由平行四边形法则得

$$\dot{U}_{AB} = \sqrt{3}\dot{U}_A \angle 30°$$

同理可得

$$\dot{U}_{BC} = \sqrt{3}\dot{U}_B \angle 30°$$

$$\dot{U}_{CA} = \sqrt{3}\dot{U}_C \angle 30°$$

$\dot{U}_{AB}$、$\dot{U}_{BC}$、$\dot{U}_{CA}$ 为电源端线与端线间的电压,即为线电压。

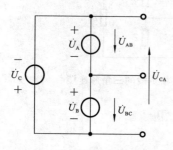

图 11-9　三角形连接的对称
三相电源电路

$\dot{U}_A$、$\dot{U}_B$、$\dot{U}_C$ 为每个电源两端的电压,即为相电压。

若用 $\dot{U}_L$ 表示线电压,用 $\dot{U}_P$ 表示相电压。

则在星形连接关系中,线电压与相电压的关系式为

$$\dot{U}_L = \sqrt{3}\dot{U}_P \angle 30°$$

2) 三角形(△形)连接

图 11-9 所示,三角形连接的三相电源的线电压和相电压有以下关系

$$\dot{U}_{AB} = \dot{U}_A$$

同理可得

$$\dot{U}_{BC} = \dot{U}_B$$
$$\dot{U}_{CA} = \dot{U}_C$$

则在三角形连接关系中,线电压与相电压的关系式为

$$\dot{U}_L = \dot{U}_P$$

11.2.2 用负载侧来推导线电流与相电流的关系式

用负载侧来推导线电流与相电流时,线电压、相电压、线电流和相电流的定义如下。

线电压:负载端线与端线间的电压。

相电压:每个负载两端的电压。

线电流:负载端线中的电流。

相电流:每个负载中的电流。

1) 星形(Y形)连接

图 11-10 所示,$\dot{I}_D$,$\dot{I}_E$,$\dot{I}_F$ 既是负载端线上的电流,也是负载中的电流。

若用 $\dot{I}_L$ 表示线电流,用 $\dot{I}_P$ 表示相电流。

则在星形连接关系中,线电流与相电流的关系式为

$$\dot{I}_L = \dot{I}_P$$

2) 三角形(△形)连接

图 11-11 所示,三角形连接的对称三相负载的线电流和相电流有以下关系

$$\dot{I}_D + \dot{I}_{FD} = \dot{I}_{DE}$$

可得

$$\dot{I}_D = \dot{I}_{DE} + (-\dot{I}_{FD})$$

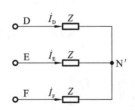

图 11-10　星形连接的对称三相负载

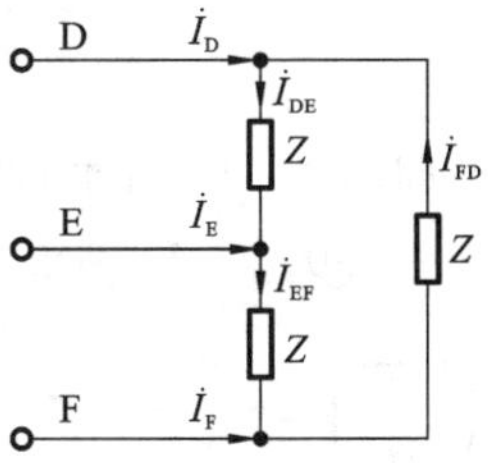

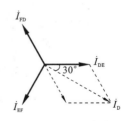

图 11-11　三角形连接的对称三相负载

画出相量图如图 11-12 所示。

由平行四边形法则得

$$\dot{I}_D = \sqrt{3}\dot{I}_{DE}\angle-30°$$

同理可得

$$\dot{I}_E = \sqrt{3}\dot{I}_{EF}\angle-30°$$

$$\dot{I}_F = \sqrt{3}\dot{I}_{FD}\angle-30°$$

$\dot{I}_{DE}$、$\dot{I}_{EF}$、$\dot{I}_{FD}$ 为每个负载中的电流,即相电流。

$\dot{I}_D$、$\dot{I}_E$、$\dot{I}_F$ 为负载端线上的电流,即线电流。

**图 11-12　三角形连接的对称三相
负载电流的相量图**

若用 $\dot{I}_L$ 表示线电流,用 $\dot{I}_P$ 表示相电流。

则在三角形连接关系中,线电流与相电流的关系式为

$$\dot{I}_L = \sqrt{3}\dot{I}_P \angle -30°$$

11.2.3 结论

在对称三相电路中,线电压(电流)和相电压(电流)满足如下关系。

1) 星形连接

$$\begin{cases} \dot{U}_L = \sqrt{3}\dot{U}_P \angle 30° \\ \dot{I}_L = \dot{I}_P \end{cases} \tag{11-1}$$

2) 三角形连接

$$\begin{cases} \dot{U}_L = \dot{U}_P \\ \dot{I}_L = \sqrt{3}\dot{I}_P \angle -30° \end{cases} \tag{11-2}$$

以上关系式在电源侧和负载侧均成立。

例 11-1 如图 11-13 所示,对称星形负载和对称三相电源连接,已知 $\dot{U}_{DE} = 380\angle 75°$ V, $\dot{I}_D = 5\angle 10°$ A,求负载 Z。

解 由于负载是星形连接方式,所以

$$\dot{U}_{DE} = \sqrt{3}\dot{U}_{DN'} \angle 30°$$

可得

$$\dot{U}_{DN'} = \frac{380\angle 75°}{\sqrt{3}\angle 30°} \text{ V} = 220\angle 45° \text{ V}$$

$$Z = \frac{\dot{U}_{DN'}}{\dot{I}_D} = 44\angle 35° \text{ }\Omega$$

例 11-2 如图 11-14 所示,对称三角形负载的每相阻抗 $Z = (3-j\sqrt{3})$ Ω 和对称三相电源连接,已知 $\dot{U}_{DE} = 380\angle 0°$ V,求 $\dot{I}_D$。

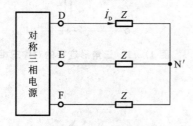

图 11-13 例 11-1 图

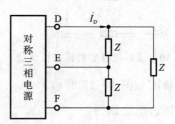

图 11-14 例 11-2 图

解 由于负载是三角形连接方式,所以

$$\dot{I}_{DE} = \frac{\dot{U}_{DE}}{Z} = \frac{380\angle 0°}{2\sqrt{3}\angle -30°} \text{ A} = 110\angle 30° \text{ A}$$

$$\dot{I}_D = \sqrt{3}\dot{I}_{DE} \angle -30° = \sqrt{3}\angle -30° \times 110\angle 30° \text{ A}$$

$$= 110\sqrt{3}\angle 0° \text{ A}$$

11.3 对称三相电路的分析计算

三相电路实际上是含有多个电源的正弦交流电路,所以分析正弦交流电路的方法都可用于分析三相电路。

对称三相电源的连接方式可分为 Y 形和△形,对称三相负载的连接方式也可分为 Y 形和△形,那么对称三相电路的连接方式有以下几种:Y-Y 连接、Y-△连接、△-Y 连接、△-△连接。

11.3.1 Y-Y 形对称三相电路的分析方法

图 11-15 所示的为 Y-Y 形对称三相电路,Z_1 为传输线阻抗,Z_n 为中性线阻抗,Z 为负载阻抗。

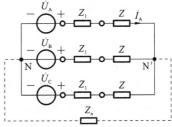

图 11-15 Y-Y 形对称三相电路

选取 N 点为参考节点,则节点电压方程为

$$\left(\frac{1}{Z_1+Z}+\frac{1}{Z_1+Z}+\frac{1}{Z_1+Z}+\frac{1}{Z_n}\right)\dot{U}_{n1}=\frac{1}{Z_1+Z}(\dot{U}_A+\dot{U}_B+\dot{U}_C)$$

因为,在对称三相电路中有

$$\dot{U}_A+\dot{U}_B+\dot{U}_C=0$$

所以 $\dot{U}_{n1}=0$,即 $\dot{U}_{N'N}=0$,这说明在 Y-Y 形对称三相电路中,不论是否存在中性线都可以将 N 和 N′ 用一根导线连接起来(与中性线阻抗 Z_n 无关),且该导线中的电流为零。

在对称三相电路中,因为三相电压、电流均对称,所以只需对其中的一相(通常取 A 相)电路进行计算就可以了。将 A 相取出就得到了如图 11-16 所示的一相等效电路。

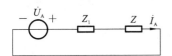

图 11-16 一相等效电路

根据一相等效电路很容易得到

$$\dot{I}_A=\frac{\dot{U}_A}{Z_1+Z}$$

再利用 $\dot{I}_A$ 以及对称三相电路线电压(电流)、相电压(电流)的关系式就可以分析得到三相电路中的其他物理量。

11.3.2 其他类型对称三相电路的分析方法

分析其他类型对称三相电路时,可以按下列步骤进行。

(1) 将对称三相电路的连接方式等效变换为 Y-Y 形。

(2) 将电源中点和负载中点用一根导线连接起来,形成三相各自独立的电路,取出其中一相(A 相)电路。

(3) 计算出一相电路的电压、电流,并根据对称性求出另外两相的电压、电流。

例 11-3 如图 11-17 所示的对称三相电路,其中 $Z=3+j3\sqrt{3}\ \Omega$,$Z_1=5+j\sqrt{3}\ \Omega$,$\dot{U}_{AB}=380\angle30°$ V,求负载端各线电流相量和线电压相量。

解 先将 Y-△形等效变换成 Y-Y 形,然后将 A 相取出就得到了如图 11-18 所示的一相等效电路。

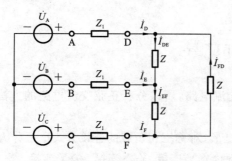

图 11-17 例 11-3 图

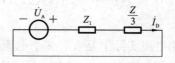

图 11-18 例 11-3 一相等效电路

由题可得

$$\dot{U}_{AB} = \sqrt{3}\dot{U}_A \angle 30°$$

$$\dot{U}_A = \frac{\dot{U}_{AB}}{\sqrt{3}\angle 30°} = 220\angle 0° \text{ V}$$

$$\dot{I}_D = \frac{\dot{U}_A}{Z_1 + \dfrac{Z}{3}} = \frac{220\angle 0°}{4\sqrt{3}\angle 30°} \text{ A} = \frac{55\sqrt{3}}{3}\angle -30° \text{ A}$$

由于是对称三相电路,各线电压(电流)、相电压(电流)的三个物理量之间大小相等,相位依次相差 120°。由此可得

$$\dot{I}_E = \frac{55\sqrt{3}}{3}\angle -150° \text{ A} \quad (\dot{I}_E \text{ 的辐角为 } \dot{I}_D \text{ 的辐角减去 } 120°)$$

$$\dot{I}_F = \frac{55\sqrt{3}}{3}\angle 90° \text{ A} \quad (\dot{I}_F \text{ 的辐角为 } \dot{I}_D \text{ 的辐角加上 } 120°)$$

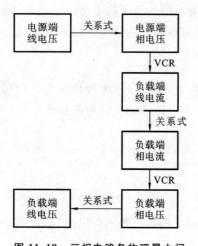

图 11-19 三相电路各物理量之间
的转换顺序

原图中的负载为三角形连接,因此其相电流应该回到原图中去求,可得

$$\dot{I}_D = \sqrt{3}\dot{I}_{DE} \angle -30° \text{ A}$$

$$\dot{I}_{DE} = \frac{\dot{I}_D}{\sqrt{3}\angle -30°} = \frac{\dfrac{55\sqrt{3}}{3}\angle -30°}{\sqrt{3}\angle -30°} \text{ A} = \frac{55}{3}\angle 0° \text{ A}$$

$$\dot{U}_{DE} = \dot{I}_{DE} \times Z = \frac{55}{3}\angle 0° \times 6\angle 60° \text{ V} = 110\angle 60° \text{ V}$$

由于是对称三相电路,所以有

$$\dot{U}_{EF} = 110\angle -60° \text{ V}$$

$$\dot{U}_{FD} = 110\angle 180° \text{ V}$$

上述步骤说明对称三相电路各物理量之间的转换可按如图 11-19 所示的顺序进行。

例 11-4 一台三相交流电动机,定子绕组通过星形连接在线电压 $U_L = 380$ V 的对称三相电源上,其线电流 $I_L = 2.2$ A,功率因数 $\cos\varphi = 0.8$,求每相绕组的阻抗 Z。

解 由于负载为星形连接方式,所以

$$\dot{U}_L = \sqrt{3}\dot{U}_P \angle 30°$$

$$\dot{I}_L = \dot{I}_P$$

可得

$$U_L = \sqrt{3} U_P$$

$$I_L = I_P$$

$$U_P = \frac{380}{\sqrt{3}} \text{ V} = 220 \text{ V}$$

$$I_P = 2.2 \text{ A}$$

$$|Z| = \frac{U_P}{I_P} = 100 \text{ } \Omega$$

$$Z = |Z| \cos\varphi + \text{j}|Z| \sin\varphi = (80 + \text{j}60) \text{ } \Omega$$

11.4　不对称三相电路的概念

在三相电路系统中,当电源不对称或负载不对称时就称其为不对称三相电路。一般来说,在电力系统中,三相电源是对称的,而负载不对称的情况则比较多。负载不对称的主要原因是三相电路中有许多单相负载,这些单相负载不可能均匀地分配在三相电路中。另外,当对称三相电路发生故障时,就变成了不对称三相电路。本节讨论的对象为三相电源对称而三相负载不对称的三相四线制电路。

负载的不对称会引起线(相)电流的不对称,故此时中性线电流一般不为零,即

$$\dot{I}_N = \dot{I}_A + \dot{I}_B + \dot{I}_C \neq 0$$

这种情况将导致中性点出现位移现象,当中性点位移较大时,会造成负载相电压严重不对称,从而导致负载工作状态不正常。

如果中性线阻抗 $Z_n \approx 0$,则可认为 $\dot{U}_{N'N} = 0$。尽管电路是不对称的,但在这种条件下,可认为各相保持独立性,各相的工作互不影响,因而各相可以独立计算,并确保各相在负载相电压下安全工作,这就克服了无中性线时引起的缺点。因此,在负载不对称的情况下,中性线的存在是非常重要的,它能起到保证安全供电的作用。

要消除或减少中性点的位移,应尽量减小中性线的阻抗,然而从经济的观点来看,中性线不可能做得很粗,故在实际应用中,应适当调整各负载大小,使其接近对称。

例 11-5　如图 11-20 所示的三相四线制电路中,三相负载星形连接,已知对称三相电源线电压 $\dot{U}_{AB} = 380\angle 30° \text{ V}$,负载电阻 $R_A = 11 \text{ } \Omega, R_B = R_C = 22 \text{ } \Omega$。求:

(1) 负载各相电压相量,相电流相量,中性线电流相量;

(2) 当 A 相断路时,B、C 两相的相电流有效值;

(3) 当中性线断开,A 相负载短路时,B、C 两相电流的相有效值;

(4) 当中性线断开,A 相负载断路时,B、C 两相电流的相有效值。

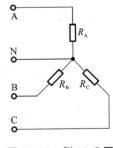

图 11-20　例 11-5 图

解　(1) 由于电源星形连接且对称,因此有

$$\dot{U}_A = \frac{\dot{U}_{AB}}{\sqrt{3}\angle 30°} = 220\angle 0° \text{ V}$$

$$\dot{U}_B = 220\angle -120° \text{ V}$$

$$\dot{U}_{\mathrm{C}} = 220\angle 120° \ \mathrm{V}$$

$$\dot{I}_{\mathrm{A}} = \frac{\dot{U}_{\mathrm{A}}}{11} = 20\angle 0° \ \mathrm{A}$$

$$\dot{I}_{\mathrm{B}} = \frac{\dot{U}_{\mathrm{B}}}{22} = 10\angle -120° \ \mathrm{A}$$

$$\dot{I}_{\mathrm{C}} = \frac{\dot{U}_{\mathrm{C}}}{22} = 10\angle 120° \ \mathrm{A}$$

$$\dot{I}_{\mathrm{N}} = \dot{I}_{\mathrm{A}} + \dot{I}_{\mathrm{B}} + \dot{I}_{\mathrm{C}} = 10\angle 0° \ \mathrm{A}$$

（2）当 A 相断路时，B、C 分别承受相电压。

$$I_{\mathrm{B}} = I_{\mathrm{C}} = \frac{220}{22} \ \mathrm{A} = 10 \ \mathrm{A}$$

（3）当中性线断开，A 相负载短路时，B、C 分别承受线电压。

$$I_{\mathrm{B}} = I_{\mathrm{C}} = \frac{380}{22} \ \mathrm{A} \approx 17.27 \ \mathrm{A}$$

（4）当中性线断开，A 相负载断路时，B、C 串联起来承受线电压。

$$I_{\mathrm{B}} = I_{\mathrm{C}} = \frac{380}{22+22} \ \mathrm{A} \approx 8.64 \ \mathrm{A}$$

11.5 三相电路的功率

11.5.1 三相电路的功率

在三相电路中，三相负载吸收的有功功率 P、无功功率 Q 分别等于各项负载吸收的有功功率、无功功率之和，即

$$P = P_{\mathrm{A}} + P_{\mathrm{B}} + P_{\mathrm{C}}$$
$$Q = Q_{\mathrm{A}} + Q_{\mathrm{B}} + Q_{\mathrm{C}}$$

若电路是对称三相电路，各相负载吸收的功率相同，则三相负载吸收的总功率可表示为

$$P = 3U_{\mathrm{P}}I_{\mathrm{P}}\cos\varphi$$
$$Q = 3U_{\mathrm{P}}I_{\mathrm{P}}\sin\varphi$$

当对称三相负载是星形连接时，有

$$U_{\mathrm{L}} = \sqrt{3}U_{\mathrm{P}}$$
$$I_{\mathrm{L}} = I_{\mathrm{P}}$$
$$P = 3U_{\mathrm{P}}I_{\mathrm{P}}\cos\varphi = \sqrt{3}U_{\mathrm{L}}I_{\mathrm{L}}\cos\varphi$$

当对称三相负载是三角形连接时，有

$$U_{\mathrm{L}} = U_{\mathrm{P}}$$
$$I_{\mathrm{L}} = \sqrt{3}I_{\mathrm{P}}$$
$$P = 3U_{\mathrm{P}}I_{\mathrm{P}}\cos\varphi = \sqrt{3}U_{\mathrm{L}}I_{\mathrm{L}}\cos\varphi$$

由此可得，星形连接和三角形连接的对称三相负载的有功功率均可以表示为

$$P = 3U_{\mathrm{P}}I_{\mathrm{P}}\cos\varphi = \sqrt{3}U_{\mathrm{L}}I_{\mathrm{L}}\cos\varphi \tag{11-3}$$

同理,星形连接和三角形连接的对称三相负载的无功功率均可以表示为

$$Q = 3U_{\mathrm{P}}I_{\mathrm{P}}\sin\varphi = \sqrt{3}U_{\mathrm{L}}I_{\mathrm{L}}\sin\varphi \tag{11-4}$$

11.5.2　三相电路功率的测量

在三相四线制电路中,采用三功率表法测量三相负载的功率。因为该电路有中性线,所以可以方便地用功率表分别测量各相负载的功率,将测得的结果相加就可以得到三相负载的功率。这种测量方法称为三瓦计法。若负载对称,则只需测量一相负载的功率,再将该功率乘以3即可得到三相负载的功率。这种测量方法称为一瓦计法。

在三相三线制电路中,由于没有中性线,直接测量各相负载的功率不方便,故可以采用两表法测量三相负载的功率。两表法的测量电路如图 11-21 所示。

以 Y-Y 形连接为例,如果是其他连接方式可以等效变换为 Y-Y 形,则有

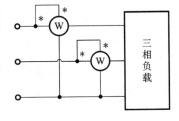

$$\overline{S} = \dot{U}\dot{I}^*$$

$$P = \mathrm{Re}[\dot{U}\dot{I}^*]$$

图 11-21　两功率表法的测量电路

$$P_1 = \mathrm{Re}[\dot{U}_{\mathrm{AC}}\dot{I}_{\mathrm{A}}^*], \quad P_2 = \mathrm{Re}[\dot{U}_{\mathrm{BC}}\dot{I}_{\mathrm{B}}^*]$$

$$P_1 + P_2 = \mathrm{Re}[\dot{U}_{\mathrm{AC}}\dot{I}_{\mathrm{A}}^* + \dot{U}_{\mathrm{BC}}\dot{I}_{\mathrm{B}}^*]$$

$$\dot{U}_{\mathrm{AC}} = \dot{U}_{\mathrm{A}} - \dot{U}_{\mathrm{C}}, \quad \dot{U}_{\mathrm{BC}} = \dot{U}_{\mathrm{B}} - \dot{U}_{\mathrm{C}}$$

对于三相三线制电路(无论是否对称)有

$$\dot{I}_{\mathrm{A}} + \dot{I}_{\mathrm{B}} + \dot{I}_{\mathrm{C}} = 0 \ (\mathrm{KCL})$$

所以

$$\dot{I}_{\mathrm{A}}^* + \dot{I}_{\mathrm{B}}^* + \dot{I}_{\mathrm{C}}^* = 0$$

得

$$\dot{I}_{\mathrm{A}}^* + \dot{I}_{\mathrm{B}}^* = -\dot{I}_{\mathrm{C}}^*$$

$$P_1 + P_2 = \mathrm{Re}[\dot{U}_{\mathrm{A}}\dot{I}_{\mathrm{A}}^* + \dot{U}_{\mathrm{B}}\dot{I}_{\mathrm{B}}^* + \dot{U}_{\mathrm{C}}\dot{I}_{\mathrm{C}}^*]$$

$$P_1 + P_2 = \mathrm{Re}[\overline{S}_{\mathrm{A}} + \overline{S}_{\mathrm{B}} + \overline{S}_{\mathrm{C}}] = \mathrm{Re}[\overline{S}] = P$$

因此,对于三相三线制电路,无论是否对称以及采用何种连接方式,都有三相总有功功率为两个功率表读数之和。

这里必须指出的是,两个功率表的代数和才等于三相总功率,任意一个表的单独读数都是没有意义的。

在对称三相电路中,可以获取两个功率表读数的表达式,此处仍以 Y-Y 形为例。

令 $\dot{U}_{\mathrm{A}} = U\angle 0°, \dot{I}_{\mathrm{A}} = I\angle -\varphi$(阻抗角为 φ),则

$$\dot{U}_{\mathrm{C}} = U\angle 120°$$

$$\dot{I}_{\mathrm{A}}^* = I\angle \varphi$$

$$\dot{U}_{\mathrm{CA}} = \sqrt{3}\dot{U}_{\mathrm{C}}\angle 30° = \sqrt{3}U\angle 150°$$

得

$$\dot{U}_{\mathrm{AC}} = \sqrt{3}U\angle -30°$$

$$P_1 = \mathrm{Re}[\dot{U}_{AC}\dot{I}_A^*] = \mathrm{Re}[\sqrt{3}U\angle-30°\times I\angle\varphi]$$

$$P_1 = \mathrm{Re}[\sqrt{3}UI\angle(\varphi-30°)]$$

$$P_1 = \sqrt{3}U_P I_P\cos(\varphi-30°) = U_L I_L\cos(\varphi-30°)$$

同理可得

$$P_2 = \sqrt{3}U_P I_P\cos(\varphi+30°) = U_L I_L\cos(\varphi+30°)$$

例 11-6　用二瓦计法测量对称三相电路,已知三相负载吸收的总有功功率为 2.5 kW,$\lambda = \cos\varphi = \dfrac{\sqrt{3}}{2}$,线电压为 380 V,求两个功率表各自的读数。

解　由于是对称三相电路,则有

$$I_L = \frac{P}{\sqrt{3}U_L\cos\varphi} \approx 4.386\ \mathrm{A}$$

$$\varphi = \arccos\lambda = 30°$$

$$P_1 = U_L I_L\cos(\varphi-30°) \approx (380\times4.386)\ \mathrm{W} \approx 1666.68\ \mathrm{W}$$

$$P_2 = P - P_1 \approx 833.32\ \mathrm{W}$$

习　题　11

11-1　三相负载星形连接,在什么情况下可以无中性线供电?

11-2　三相电动机的三相绕组作星形连接,接到线电压有效值为 380 V 的对称三相电源上,其线电流有效值为 13.8 A。求:

(1) 各相绕组上的相电压有效值和相电流有效值;

(2) 各相绕组阻抗的模;

(3) 如果将电动机的三相绕组改为三角形连接,相电流和线电流的有效值各是多少?

11-3　在对称三相四线制电路中,负载阻抗 $Z = (98+\mathrm{j}172.2)\ \Omega$,输电线阻抗 $Z_1 = (2+\mathrm{j}1)\ \Omega$,中性线阻抗 $Z_0 = (1+\mathrm{j}1)\ \Omega$,电源线电压有效值为 380 V。求负载的相电流有效值和负载端线电压有效值。

11-4　在对称三相三线制电路中,负载作三角形连接,阻抗 $Z = (98+\mathrm{j}172.2)\ \Omega$,输电线阻抗 $Z_1 = (2+\mathrm{j}1)\ \Omega$,电源线电压有效值为 380 V。求线电流有效值、负载相电流有效值和相电压有效值。

11-5　如题 11-5 图所示的对称三相电路,已知电源线电压 $\dot{U}_{AB} = 380\angle0°\ \mathrm{V}$,线电流 $\dot{I}_A = 10\angle-75°\ \mathrm{A}$。求三相负载的总有功功率。

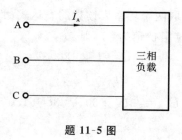

题 11-5 图

11-6 对称三相感性负载接在对称三相电源上,负载侧线电压为 380 V、线电流为 12.1 A,三相电路的有功功率为 5.5 kW,求三相电路的功率因数和无功功率。

11-7 对称三相电路的线电压有效值为 380 V,每相负载阻抗 $Z=(6+j8)\,\Omega$,试求:

(1) 负载按 Y 形连接时的相电流有效值及吸收的总有功功率;

(2) 负载按△形连接时的线电流有效值及吸收的总有功功率。

11-8 对称三相电路如题 11-8 图所示,对称三相电源线电压的有效值为 380 V,星形连接的对称三相负载每相阻抗 $Z_1=30\angle 30°\,\Omega$,△形连接的对称三相负载每相阻抗 $Z_2=60\angle 60°\,\Omega$,求:

(1) 各电压表和电流表的读数;

(2) 电路中负载吸收的总有功功率和无功功率。

11-9 如题 11-9 图所示,三角形连接的对称三相负载(感性)接到 3 线电压有效值为 380 V 的对称三相电源上。若三相负载吸收的总有功功率为 11.4 kW,线电流有效值为 20 A,求每相负载的等值参数 R、X。

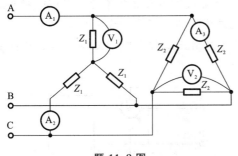
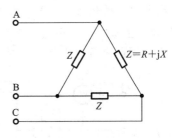

题 11-8 图　　　　　　　　　　题 11-9 图

11-10 题 11-10 图所示的对称三相电路,电源频率 $f=50$ Hz,$Z=(6+j8)\,\Omega$,在负载端接入三相电容组后,使电路的功率因数提高到了 0.9。求每相电容 C 的值。

11-11 对称三相电路如题 11-11 图所示。工频对称三相电源的线电压有效值为 380 V。

(1) 计算电路的有功功率、无功功率和功率因数。

(2) 若将功率因数提高到 0.9,求所需并联电容的值。

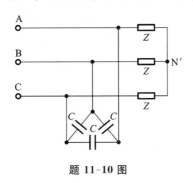
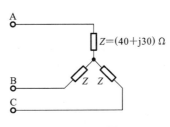

题 11-10 图　　　　　　　　　题 11-11 图

11-12 三相电路如题 11-12 图所示。对称三相电源线电压的有效值为 380 V。求:

(1) 开关 S 闭合时三个电压表的读数;

(2) 开关 S 打开时三个电压表的读数。

11-13 如题 11-13 图所示电路中,A、B、C 接在对称三相电源上。当 S_1,S_2 闭合时,各电

流表的读数都是 10 A,求:

(1) 当 S_1 闭合,S_2 断开时各电流的读数;

(2) 当 S_1 断开,S_2 闭合时各电流的读数。

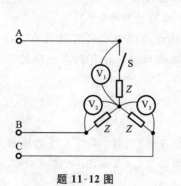

题 11-12 图

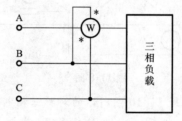

题 11-13 图

11-14 电路如题 11-14 图所示,已知对称三相负载的总有功功率为 7.5 kW,功率因数为 0.866,线电压有效值为 380 V。求该负载的线电流有效值及两个功率表的读数。

11-15 如题 11-15 图所示电路中的功率表可以测出三相负载的无功功率。已知功率表的读数为 5 kW,求负载吸收的无功功率。

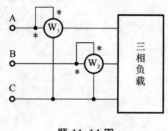

题 11-14 图   题 11-15 图

参 考 文 献

[1] 邱关源.电路[M].5 版.北京:高等教育出版社,2006.

[2] 范世贵.电路分析基础[M].西安:西北工业大学出版社,2010.

[3] 江缉光,刘秀成.电路原理[M].2 版.北京:清华大学出版社,2007.

[4] 夏承铨.电路分析[M].武汉:武汉理工大学出版社,2006.

[5] 张永瑞,陈生潭,高建宁.电路分析基础[M].2 版.北京:电子工业出版社,2009.

[6] 吴锡龙.电路分析[M].北京:高等教育出版社,2004.